百年桜の花のじゅうたん（2008.4.20）

「関さんの森」の奇跡

市民が育む里山が地球を救う

関啓子

新評論

幸谷小学校２年生、春の自然観察会（2019.5.8）

雪の屋敷林（2018.1.14）

満開の百年桜（2015.4.2）

江戸時代からの門と蔵（2009.7.29）

雑蔵の雪景色
（2013.1.14）

ワシントン大学教授陣の
訪問（2013.3.20）

春の雑蔵（2018.4.8）

花まつりの「東葛合唱団はるかぜ」（2019.4.7）

花まつり「森のコカリナ隊」（2012.4.8）

砂原保育園児里山体験（2012.5.17）

森の手入れ――枯れ枝の除去（2015.10.18）

会員による木橋づくり（2010.3.21）

かつて営巣していたフクロウ

近くのマンションの６階から見た溜ノ上の森（2017.9.14）

晩秋の溜ノ上の森（2019.12.12）

タケノコ掘り・溜ノ上の森
（2016.4.17）

初夏の森の観察会
（2017.5.23）

溜ノ上の森の看板

はじめに

緑に囲まれ、気持ちのよさそうな邸宅が、テレビのコマーシャルによく登場します。そこで描かれている「ゆとり」や「癒やし」を演出しているのが樹木です。大きく開け放たれた窓の向こうには緑が広がり、さやさやと木の葉の揺れる音が心地よげに聞こえてきそうです。

大きな道路から一歩横丁に入ると、路地裏には植木鉢が所狭しに並べられ、大都会の生活に潤いを与えている様子もよく見かけます。日本の人びとはこうした緑のある風景が大好きで、山に広がる森林や里山を心のふるさととして尊重もしているようです。

実際、「環境にやさしい」とか「自然を大切にする」といった言葉、言ってみれば自然の価値を重視するこのような表現に、現在おおっぴらに反対する人はいないでしょう。「やさしい」とか「大切にする」という言葉、あまりにも漠然としていて客観的な基準がないにもかかわらず、一〇〇人が一〇〇人、本心はともかくとして人前では「自然は大切だ」と公言します。実は、こうした状態こそ注意が必要なのです。

なぜなら、その裏に隠されている大きな問題が見えなくなってしまうという恐れがあるからです。樹木がアクセントとなっている快適そうな邸宅であっても、もしかすると、その建材は東南アジアの熱帯雨林を破壊したものかもしれませんし、シベリアのタイガ（針葉樹林）を再生不能にして調達されたものかもしれません。

また、その快適そうな邸宅は、地域の人びとが大切にしていた鎮守の森を伐採し、大規模な宅地開発が行われた結果建てられたものかもしれません。地域の原風景や歴史の痕跡が失われ、そこに生きていた動物たちもいなくなってしまうこともあるのです。

もう一つ気になることがあります。「自然は大切」と話す人びとは、「自然環境にやさしい」気になっているだけで、身近な自然環境が破壊されそうになっても、それを護るための活動もしなければ、意思表示もしないケースが多いように思えます。

現在の日本社会では、「環境にやさしい」というフレーズが「教養人」としての挨拶となっていますが、本当に樹木は大切にされているのでしょうか。都市およびその近郊で、農村部や山村部で、森林や樹木は本当に大事にされているのでしょうか。みなさんは、このような疑問をもったことがありませんか。生活している周りを見わたし、風景が大きく変化したことに気付いたことがありませんか。

いったい何が変わったのでしょうか。多くの場合、木々がなくなっているはずです。列島改造論が喧伝された高度経済成長期（一九七三年一二月〜一九九一年二月）を経て都市開発が景気向上に結び付いてしまい、「みんなが豊かになる」という方程式ができてしまいました。この方程式への信仰によって、長年にわたって人びとが育んできた自然が軽んじられ、樹木が伐採され、生活の息吹や地域のつながりが取り払われてきました。

とくに都市近郊では、開発によって自然が壊されるという嵐がまだまだ吹き荒れています。それを護ろうと懸命に立ち向かっている住民も多いのですが、多くの場合は「どうでもいいや」という無関心さが蔓延しているようです。その結果、開発業者が描く図面どおりに開発が推進されています。

ある日、気が付いて、壊された自然を元に戻そうとしても、それには長い時間が必要となります。亜寒帯での森林破壊はほぼ永遠の破壊となりますし、温帯地域でも破壊された森林が元に戻ることはほとんどないでしょう。戻すためには、植林をしたあと、樹木を養生するための膨大な人力と時間が必要となります。この作業、性根を据えないとかなり難しいです。もちろん、これらの作業に取り組んでいる企業や活動家もいますが、残念ながらごくごく少数です。

さて、本書で述べるところの森林や自然というのは、人びとの暮らしぶりにかかわるものを指し、手付かずの原生林のことではありません。言うまでもなく、原生林も大変重要なのですが、まずは人間の生活圏にあり、人の手によって壊すこともできれば育てることも可能な森林の変化について見ていきたいと思います。周囲に存在する樹木や森林に対する人間の向き合い方、そしてそれらへのかかわり方の変化が現在の緑地の姿だと思うからです。

人びとの生活圏にある森林を、一般的には「里山」と呼んでいます。里山の定義についてはのちほど触れますが、本書においては、私たちの生活変化がどのように里山にかかわっており、最終的には地球環境問題にまでつながっていくかを見ていくことにします。

「樹木の一本や二本がなんだ！　お金にならない、つまらないものじゃないか！」

当然、このような考え方もあるでしょう。実際、このように公言して憚らない人も、かつて私の周りにたくさんいました。でも、よく考えてください。金銭的な価値につながらなくても、森林や樹木の存在は身体的および精神的な安定につながるのです。そのことを、本書において示していきます。

一人ひとりの里山へのかかわり方が、今日と明日の私たちの生活の質、そして命や健康に直結しているのです。決して大げさなことではなく、地球の命運までも左右することを、小さな里山の変遷を追いながら見ていくことにします。具体的には、本書のタイトルにもなっている「関さんの森」の歴史を掘り起こすことになります。この里山を破壊しようとする「力」がどのようにつくり出されたのか、また里山を守ろうとする活動がどのように起こったのかについて、時系列で描いていくことにします。

それでは、里山を守る理由は何でしょうか。そこに、なにがしかの価値があるからです。なぜ里山が大切で、護らなくてはならないのかについて、自然環境とりわけ里山がもつ意味と価値についても考えていきましょう。第1部において、これについて少し学問的に、かつ分かりやすく説明していきます。読まれて、自然を残す必要性を感じていただけるとうれしいです。

第2部に書かれていることは、都市近郊の里山を育てる活動と里山を護る運動についての実話です。そしてそれは、その活動と運動に汗を流し、知恵を絞った市民の成長記録でもあります。ドキュメンタリーのごとく描いていきますので、みなさんも当事者になったような気分になれるかもしれません。

第3部では、里山を守り、育てる方法について具体的に紹介していきます。里山や樹木、そして川などが都市の再生に役立つことを示し、生活者の生き方・考え方と努力が紡ぎ出す都市づくりの実例を紹介します。たぶん、「その気になればできる！」と実感することでしょう。また、都市部を離れ、林業地帯で里山保全にかかわって、最近注目されている「里山資本主義」についても紹介します。さらに、目を世界に転じて、世界の里山保全の手法を、ピーターラビットの生みの親であるヘレン・ビアトリクス・ポター（Helen Beatrix Potter, 1866～1943）に学びます。つまり、イギリスで広く普及しているナショナル・トラストについてということです。

もちろん、日本のトラスト運動にも触れることにしました。自然破壊をものともしない経済成長一本槍の考え方とは真逆となる「脱成長」の見方にも触れ、生きものたちと共生する人の「喜び」と「誇り」についても考えたいです。

それでは、本書の主人公となる「関さんの森」を、日々の光景を交えながら紹介しておきましょう。場所は千葉県松戸市幸谷です。屋敷林と庭、農園、梅林、湧水池などから構成されている二・一ヘクタールの小さな森ですが、松戸市当局の依頼で研究機関が本格的な生態系調査を行ったところ、豊かな生物多様性が立証されました。小さいけれど、都市のなかにあって里山的な風情を十分に残す貴重な森となっています。

環境保護で有名なレスター・ブラウン（Lester Russell Brown）博士もこの里山を訪れており、「この森は、子どもたちや大人たちが憩い、環境教育を受ける公共空間であるばかりでなく、生物的に多様な生態系である」というメッセージのもと、「関さんの森」を高く評価しています。

レスター・ブラウン博士のことを少し紹介しておきましょう。ブラウン氏は、アメリカ農務省国際農業開発局長を退職後、地球環境問題に取り組むシンクタンク「ワールドウォッチ研究所」を創設した世界的に有名な実践的研究者です。長年にわたって環境と人間との関係を総合的に研究し、世界の環境問題を解決するためにさまざまな提言を行っています。

さて、小さい里山では、たびたび子どもたちの声が響きわたります。定期的に、保育園の園児が体験学習にやって来るのです。低い目線に映し出される風景、大人には見えない昆虫の世界が見えているようです。発見に次ぐ発見が、子どもたちには楽しくて仕方がないようです。

「これ、なーに？」といった質問が飛び交うなか、保育士やボランティアの人がニコニコ顔で答えています。でも、時にはちょっと困って、一緒に考え込むという姿も見られます。小さな子どもの質問ほど、大人を困らせるものはありません。

日差しよけに被っている帽子に、子どもたちがそれぞれ、花や葉、そしてツタなどで飾りつけをしています。なかには昆虫を仲間に引き込む子どももいて、生きたカマキリが帽子の上で、近づく人に威嚇のポーズを取っていました。昼食後、帰るときにはこのカマキリともお別れです。草むらに、そっと戻していました。

レスター・ブラウン氏と記念撮影（2006年５月21日）

通年の自然探検プログラムなので、恵みの秋にはカキをとって食べたり、クリ拾いもします。イガから取り出されたクリは、この日のご褒美としておみやげになります。そして冬には、ミカン狩りも楽しんでいます。

小学生も体験学習でやって来ます。生物多様性の世界に溶け込んだ生徒たちは、五感を通して木々や草花が豊かで鳥や昆虫でにぎわう空間を体感し、驚いたり、喜んだりします。一時間もすると、この場の「心地よさ」や「楽しさ」が心の底に着床していくようです。

「モズのはやにえ」というのをご存じですか。モズが捕まえたトカゲなどの獲物を、とがった枝などに刺してつくられた干物のことです。これを見つけたときの生徒たちの驚きようといったら、とても言葉にすることができません。

体験学習を終えた小学生たちは、先生の指導のもと、大きな版画も制作しました。そこには、野生生物と子どもたちとが融和した里山の姿が見事に描かれていました。自然

馬橋北小学校の児童がつくった版画（屏風）

と人間との一体感を描いたこの版画は屏風になり、教員の研修会などでも展示されるなど、大好評を得ています。自然保護で知られるレイチェル・カーソン（Rachel Louise Carson, 1907～1964）の言葉、「センス・オブ・ワンダー」（神秘さや不思議さに目をみはる感性）が、まさに里山で解き放たれたようです。

子どもたちが制作した版画以外にも、さまざまな芸術がこの里山で花開きます。地域で有名な市民合唱団のミニ・コンサートが行われますし、劇場などになかなか出掛けにくい高齢者のために、ミュージシャンが何度も出前コンサートを行っています。

うれしいことに、障がいのある方や大人たちが「学び」と「遊び」のために訪れています。生涯学習としての自然観察会なども定期的に行われており、自然保護や自然観察の指導員養成講座の実習地としても使われてきました。

ところが、二〇〇八年、この里山が壊されるという決定が下されました。前の東京オリンピックが開催された一九六四年に都市計画が決定され、長きにわたって亡霊化していた道路計画が再び目を覚ましたのです。これにより、道路という公共性と教育・学習および福祉という公共性が対立することになったのです。前者を支援したのは、経済的利益という価値観と利権でした。そして、後者をサポートしたのが生物多様性と公共的利用という価値観です。この対立の顛末は第2部で詳しく述べていきます。

日本中どこでもそうでしょうが、里山の命運は、人びとがどのようなまちをつくろうとしているのか、また心地よい暮らしの場をどのように築こうとするのかという意識にかかっています。簡単に言えば、人びとが自らと子孫の暮らしの質を高めるために、存在証明とも言える「自然を護る活動」に踏み出すかどうかが鍵になる、ということです。

それは、決して難しいことではありません。一人ひとりが身近な里山の保全に身の丈にあった方法で加われば、些細な活動であっても積み重なることで住みやすいまちづくりにつながり、ひいては地球環境問題の解決にも貢献するのです。このように考えると、ちょっとワクワクしてきませんか。本書でお伝えしていきたいことは、こんなワクワク感です。ひょっとすると、あなたが現在住んでいる生活圏を変えることにつながるかもしれません。

もくじ

第3章

第2部　里山を育み、護る運動　55

第4章　「関さんの森を育む会」の誕生と活動　56

第6章

第7章 市民力が自然を救う　192

第3部　里山保全イノベーション　213

第8章　コモンズとトラスト　214

市民が起こす奇跡　262

エピローグ　275

「関さんの森」の奇跡——市民が育む里山が地球を救う

第1部

里山論

関さんの森・屋敷林のイヌシデ

第1章 里山とは何か

里山とは

里山とは何でしょうか。誰もが知っている概念ではありますが、まずはその共通理解を築くことからはじめましょう。『広辞苑（第七版）』（岩波書店、二〇一八年）には、「人里近くにあって、その土地に住んでいる人のくらしと密接に結びついている山・森林」と書かれています。「里山」という言葉が文献に初めて登場したのは一八世紀中頃とされていますが、里山という用語が一般的に認知されるようになったのは最近のことです。環境省はこの里山を以下のように定義しています。

里地里山とは、原生的な自然と都市との中間に位置し、集落とそれを取り巻く二次林、それらと混在する農地、ため池、草原などで構成される地域です。農林業などに伴うさまざま人間の働きかけを通じて環境が形成・維持されてきました。

里地里山は、特有の生物の生息・生育環境として、また、食料や木材など自然資源の供給、良好な景観、文化の伝承の観点からも重要な地域です。（環境省自然環境局自然環境計画課の記載より）

「二次林」という言葉が書かれていますが、里山は二次林というだけではない、と主張する研究者もいます。里山はその概念を拡大し、多様な複合領域としての認識が強くなってきたと言うのです［『千葉県生物多様性センター研究報告』第2号、二〇一〇年、一七ページ］。こうした認識は、とくに里山の保護と保全にかかわる人びとの間で強くなっています。

里山という用語をよく見たり聞いたりするようになったのは、やはり最近です。『里山の環境学』（武内和彦ほか著）によれば、里山という言葉が「自然を愛する市民によって頻繁に使われるようになった」のは、郊外の自然が激減しはじめた一九六〇年代後半以降ということです。開発されたことによって都市郊外に住むようになった市民たちが、「開発地の一部に、里山の自然をそのまま残すといった保全策」に乗り出したわけです。近隣の生活者が、気持ちのよい生活の「場づくり」に自ら取り組みはじめたわけです。

実際、千里ニュータウン（大阪府豊中市・吹田市）や多摩ニュータウン（東京都稲城市・多摩市・八王子市・町田市）といった行政主導による大規模宅地開発や、民間ディベロッパーによる宅地やゴルフ場の開発が盛んになると、都市近郊には里山保護を訴える市民グループが次々と生まれ、活動をはじめました。

そのような市民グループの代表的なものとして、一九八〇年代から活動していた「まいおか水と緑の会」（横浜）や「大阪自然環境保全協会」、そして「南河内水と緑の会」（大阪府河南町）などを挙げることができます［石井実ほか（一九九三）参照］。

このような活動に拍車をかけたのが、一九八八年に公開された映画『となりのトトロ』（監督・宮崎駿、製作・スタジオジブリ）です。ご覧になった方も多いことでしょう。この映画に感化され、一九九〇年代に入ると里山をフィールドにした市民団体がさらにたくさん生まれました。

環境省による「里地里山調査」によれば、二〇〇一年の段階で約一〇〇〇の団体が活動し、そのうち三分の一が東京、大阪、名古屋といった大都市近郊で活躍していたと言います。各市民グループが、自然観察会、調査活動、雑木林・草地の管理、動植物の保護などに取り組み、汗を流してきました。

第2部で詳しく紹介しますが、「関さんの森を育む会」（後述参照）の運営委員でもある木下紀喜さんが携わった事例を紹介しておきましょう。

松戸市幸谷にある約〇・五ヘクタールの里山（通称「溜ノ上の森」）が、市民グループのボランティア活動によって、「アズマネザサが密生し、モウソウチクが繁茂する荒れた森林」から健康な森に再生されたということです［『日本の森林を考える』シリーズ⑦「森林の資源」第4号、二〇〇六年］。市民グループのメンバーは、調査活動に取り組み、ゾーニング（生態学的特徴に沿って土地を区分すること）を行い、枯れたアカマツを伐採し、ササを刈り、遊歩道を設置するなどの活動を行い、四季を通じて「気軽に森林の雰囲気を楽しめる森」を五年という歳月をかけて再生したのです。もちろん、現在もこの森の保全と管理活動を続けています［以上の里山概念の普及と里山保全運動の広がりについては、御代川・関（二〇〇九年）を参照］。

このように里山概念が成長し、単なる二次林から生活特有の場に変わるきっかけは、一九九六年に修正・発表された愛知万博計画にありました。当初（一九九一年）、愛知万博のテーマは「技術・文化・交流――新しい地球創造」だったのですが、それが「森林・林地と周辺環境との一体的つながりの重要性の観点から」に大きく修正されたのです。そして、一九九六年四月、政府が博覧会国際事務局に参加申請をしたときのテーマは「新しい地球創造：自然の叡智」となりました。ようやく、「林地・雑木林のみならず田畑や草原も含めた地域の特有の顔」を共有することが重視されるようになったわけです［『千葉県生物多様性センター研究報告』第2号、参照］。

ご存じのようにこの愛知万博は、二〇〇五年三月二五日、「愛・地球博」という愛称で開催されました。当初予想の入場者数一五〇〇万人をはるかに上回り、九月二五日の閉会までに二二〇〇万人を超える人びとが訪れました。この数字を見ても、日本人の環境意識が大きく変わってきたことが分かります。

さて、本書の主人公である「関さんの森」の話です。この森が千葉県松戸市幸谷にあることは先に述べました。千葉県が、二〇〇三年に「里山条例」を制定（三月七日公布、五月一八日施行）していることはご存じですか。その目的などを県のホームページから引用しておきましょう。

目的

「里山」は、農林業の生産の場であると同時に多様な生き物の生育空間や景観形成、防災や気象緩和等にも大きな役割を果たしています。

このような里山の保全・整備は、長い間土地所有者のみに委ねられてきましたが、環境の世紀を迎え、適正な役割分担の下に県民全てがこれに関わるとともに、余暇や教育に係る活動の場等として里山の活用を進めることにより、人と里山との新たな関係を構築し、豊かな里山を次の世代に引き継ぐことを目的としています。

背景

「里山」は、古くから人びとの生活に深く関わりながら、維持管理され、房総の原風景を形成してきました。

昭和三〇年代以降、生活様式や農業生産方法の変化、また、農林業者の減少や高齢化などにより、手入れがされず放置される里山が増加しています。

千葉県では、首都近郊を中心に都市開発が進み、農地や森林の住宅地や工業用地への転換が進んだ結果、産業都市として発展し、県民人口は六〇〇万人を超えましたが、その一方で里山は大きく減少してしまいました。

このように、人と里山との関わりが薄れてきた結果、貴重な自然環境である里山には廃棄物などが不法に投棄されるようになってしまいました。

定義

里山条例では、「里山」について次のとおり定義しました。また、この条例でいう「里山活動団体」「土地所有者等」についても定義しました。

・里山：人里近くの樹林地またはこれと草地、湿地、水辺地が一体となった土地

・里山活動団体：里山の保全、整備及び活用に係る活動を積極的かつ主体的に行う団体
・土地所有者等：里山の所有者または里山を使用収益する権原をもつ者

普段、このような行政文書に目を通すことはあまりないかと思います。しかし、さまざまな活動をしていくうえにおいては必須となる文書ですので、機会を見つけて読んでみてください。

実は、「里地」という用語も、こうした里山概念の広がりのなかで登場したものです。これは、里山を含めた農耕地、居住地が一体となって形成される生活の場、人の働きかけがある環境のことです。二〇〇二年の環境省「新・生物多様性国家戦略」では、「里地里山」と両方が併記され、「人の働きかけのある環境」とされています。

もう一つ、類似した用語があります。「里海」です。自然と人間とのかかわりによって育つ豊かな自然環境が里山という考え方に基づき、「人手が加わることにより、生産性と生物多様性が高くなった沿岸海域」が「里海」とされました［柳哲雄（二〇〇六年）参照(1)］。

それでは、中学校や高校の教科書では、里山はどのように扱われているのでしょうか。教科書には、従来までの定義と、社会変化を反映した新しい定義が載せられています。つまり、農用林などの林地に限定する定義と、「里山林のほか集落を含めた様々な自然環境のセット」とする定義です。のちに示すように、里山は生物多様性と生態系の維持といった観点から大変重要なので

すが、地域の歴史と文化を紡いできた場であることをふまえ、里山を保護するという観点に立てば、住居の集まりと生産の場、そして森林が一体になった「自然環境のセット」という定義のほうが現実的だと思われます。それゆえ、本書では里山を、農用林などの林地あるいは雑木林ばかりでなく、田畑や草原、そして居住空間も含めた「自然環境のセット」として用いることをお断りしておきます。

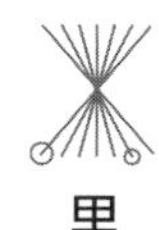

里山と生物多様性

里山が重要である理由の一つは生物多様性です。「生物多様性」という用語、最近よく耳にするようになりました。国連が二〇一〇年を「生物多様性年」と定め、二〇一一年から二〇二〇年を「国連生物多様性の一〇年」と決めています。

生物多様性が環境問題の一つとなったのは、一九八〇年代に入ってからのことです。アメリカが発表した「西暦二〇〇〇年の地球」という報告書において、一九八〇年〜二〇〇〇年に、森林

（1）　中村俊彦氏は『月刊海洋』（35・7、二〇〇三年）において、「海域の里海とともにその周辺の漁村および人の生活とかかわる海辺の自然環境のセット」を「里うみ」と定義しています。

伐採などで一五〜二〇パーセントの種が絶滅すると推定されるという報告が示されました。[2] このような危機感から、生物多様性が注目されるようになったわけです。

この問題の深刻さを決定的にしたのは、一九九二年に開催された「リオデジャネイロ地球サミット（環境と開発に関する国連会議・UNCED）」です。このとき、生物多様性が地球温暖化とともに地球環境問題として見なされるようになり、生物多様性条約が調印されています。

『生物多様性はなぜ大切か？』（日高敏隆編）という本によると、「生物多様性（biodiversity）はもともと生物学多様性（biological diversity）という言葉の略語であり」、「遺伝子、種、生態系などいろいろな生物学的単位やそこで起こっているプロセスの多様性を含む言葉」［中静（二〇〇九）五〜六ページ］となっています。ですから、生物多様性の保全とは、たくさんの種を守るということだけではすまされず、生物多様性を「すべての生物の間の変異性をいうものとし、種内の多様性、種間の多様性および生態系の多様性」［中静（二〇〇九）五ページ］の保全を含むものとなります。ちなみに、生物多様性条約の目的は以下の三つとなっています。環境教育の授業のようになって恐縮ですが、三つの目的を挙げておきます。

・生物多様性の保全
・生物多様性の持続的な利用
・生物多様性から得られる利益の衡平な分配

ところで、現在、種の絶滅スピードが想像以上に速くなっていることはご存じですか。環境省によれば、現在、一年間に四万種もの生きものが絶滅しているのです。日本で絶滅危惧種といえばイリオモテヤマネコやシマフクロウなどが思い浮かびますが、なんとメダカも絶滅危惧Ⅱ類となっています。かつては、珍しくもない、よく見かけた生きものたちが絶滅の危機に瀕しているのです。

なぜ絶滅への道を歩むのかと言えば、その主な原因は生息地の減少と劣化、温暖化や汚染などを理由とした環境変化、そして外来種の進入によるかく乱や人間による乱獲などです。ほとんどすべての原因が人間によって引き起こされているわけですが、なかでも種の絶滅の「もっとも重要な原因は生息地の消失である」［中静（二〇〇九）一〇ページ］と、前掲書の著者である中静氏は言っています。

ある種が絶滅すると、それに関連する野生生物にまで波及し、絶滅への連鎖が生じるということです。単純な例を挙げると、ネズミがいなくなるとヘビの生息が難しくなりますし、ロシア極東ならばシカが減少するとアムールトラが生きていけなくなるということです。

（2）中静透「生物多様性とはなんだろう？」日高敏隆編『生物多様性はなぜ大切か？』昭和堂、二〇〇九年、五ページ参照。

里山は、日本における生物多様性の宝庫です。里山の生態系が、さまざまな生きものに生息地を提供してきました。里地里山調査によると、メダカやギフチョウ（ヒメギフチョウ）といった絶滅危惧種の生息地は、約七〇パーセントが里地里山であるとなっています。貴重な野生生物を保護するための里地里山の保全が、「新・生物多様性国家戦略」（二〇〇二年）でも強調されているのです。それが理由なのでしょう、多くの自治体が里山保全条例を策定し、里山の保護に乗り出しているというのが現状です。

実は、日本の里山は、この生物多様性が維持されている点において国際的にも高く評価され、注目されています。国際的な生態系評価の枠組みの適用によって、日本の里山が高い生物多様性を有していることが明らかになったからです。

生態系評価の枠組みについてですが、「ミレニアム生態系評価（Millennuim Ecosystem Assessment：MA）」という評価法があります。これはアナン（Kofi Atta Annan, 1938～2018）元国連事務総長の呼びかけで開始されたもので、地球規模での評価のほか、地域、国などの準地球規模レベルの「サブ・グローバル評価（Sub-global Assessment）」を統合した「マルチスケール（多段階規模）評価」となっています。(3)

ミレニアム生態系評価は、人と生態系とのかかわり（生態系サービス）に注意を払っているところが特徴となっています。「生態系サービス」については第3章で詳しく触れますが、ごく簡単に言えば、人びとが暮らしのなかにおいて生態系からどのような恵みを得ているかについて示したものとなります。ここでは、その核となっている五つの分類だけを紹介しておきましょう。

- 食糧や水や木材などの「物質の提供」
- 洪水の制御や気候の制御といった「調節的サービス」
- 精神的な恩恵やレクリエーションなどの「文化的サービス」
- 栄養塩循環（えいようえん）や土壌形成などの「基盤的サービス」

里山についての説明が少し長く、いささか専門的になりましたが、ここまでです。次章では、私が幼かったときの「関さんの森」を紹介しつつ、日本における里山の歴史を振り返っていきます。ノスタルジックな雰囲気を少し味わっていただけるのではないかと思っています。

（3）『千葉県生物多様性センター研究報告』第2号、二〇一〇年、四～五ページを参照。

第2章 なぜ、里山は壊れるのか——里山の昔と今

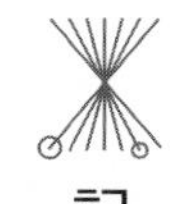

記憶のなかにある「関さんの森」

毎日が理科の授業

かつての里山がどのようなものであったかを、私の記憶に残る「関さんの森」の様子から少しだけ紹介していきます。かつては、みなさんの周りにも似たような環境があったのではないでしょうか。ひょっとしたら、今もあるかもしれません。

私にとって里山は気象予報士でした。いや、今でもそうです。どういうことでしょうか。里山が、天気の変化と季節の移ろいを教えてくれるからです。まず雨の日です。雨がやみそうだとい

うことを教えてくれるのが、鳥たちのさえずりなのです。どんなに強い雨が降っていても、上がりそうになると鳥たちがうれしそうにさえずりをはじめます。そして、鳥たちは季節も教えてくれます。一年中生息する鳥もいますが、ある季節にだけやって来る鳥もいます。その代表となるのが、みなさんもご存じのツバメです。

冬を東南アジアで過ごしたツバメは、毎年二月下旬になると九州南部にやって来ます。そして、三月下旬までに関東以西で見られるようになり、四月に入ると東北地方で、そして中旬になると北海道へも飛来します。もちろんこれは目安で、年によって変わります。ツバメの飛来が早くなると、地球温暖化が進んでいるということになります。

里山では、植物の香りも季節の移ろいを教えてくれます。ウメは奥ゆかしい花ですから咲きはじめは目立ちませんが、その香りが春の訪れをいち早く告げてくれます。そして、ジンチョウゲ（沈丁花）の典雅（てんが）な香りは春が近いことを、キンモクセイ（金木犀）とギンモクセイ（銀木犀）の澄んだ芳香は秋たけなわを知らせてくれます。

このような環境を維持している「関さんの森」は、前述したように約二・一ヘクタールの決して広いとは言えない里山ですが、たくさんの野生生物で賑わってきました。戦前には、宮家（皇族）が狩猟のためにこの里山を訪れたとも言います。戦後は、ときどき狩猟者が無断で屋敷林に入り、撃ち鳴らされる空気銃の音で近くに住む私たちを不安にさせたということもありました。

かつて、この森でリスが大木に軽やかに登る姿が見られましたし、タヌキやイタチも生息していました。イタチは、人間に追われると逃げる途中で振り向くので「気持ちが悪い」と言う人もいたようです。たしかに、そんな光景に出合うと、ちょっとドキッとしますよね。

アオダイショウやヤマカガシといったヘビも暮らしていました。ニワトリ小屋で卵を取り出そうとして、アオダイショウを掴んでしまうということもあったそうです。たぶん、卵を飲み込んで身体の一部が異様に膨らんだヘビのほうが驚いたことでしょう。なんと言っても、いきなり掴まれたのですから。また、脱皮したヘビの抜け殻を丁寧に畳んで財布に入れておくとお金が貯まるという言い伝えがあり、抜け殻を見つけると、壊れないようにやさしく木の枝などからはずして大事にしたものです。

そういえば、天気のよい日、アオダイショウが道の真ん中で日向ぼっこさながらに寝ていることがありました。そんなときは、静かにまたいで通り過ぎました。また、ヘビはニョロニョロと動くものと思っていた私は、ヤマカガシがジャンプしながら猛烈な速さで移動するのを見て、本当に驚いたことがあります。

屋敷林の周りには田んぼがありました。その田んぼに水を引き込むための小川が流れていました。その小川では、メダカがスイスイと気持ちよさそうに泳いでいました。カエルは田んぼで産卵するので、やわらかい半透明の美しい真珠の塊のような卵をよく見かけました。子どものころ、この美しい塊を田んぼからそっと両手で掬い取り、大事そうに道に置いて眺め、そのまま置き去りにしたことがあります。今思えば、なんと残酷なことをしてしまったのかと、反省しきりです。もちろん、かわいいオタマジャクシの姿も記憶に残っています。オタマジャクシがカエルになっていく過程も目撃しています。小さい緑色のアマガエルは愛らしいですが、ウシガエルの鳴き声は重量感があって、聞く者のお腹に響きます。振り返ってみると、まるで毎日が理科の授業といった様相でした。

ツバメ以外の野鳥もたくさん飛来していました。季節ごとに異なる鳥たちの鳴き声で森はにぎやかでした。鳴き声のなかでも荘厳なのは、こもったようなフクロウの鳴き声です。森にフクロウが営巣し、子育てをしていたのです。

現在「関さんの森」と呼ばれている森のなかに我が家があります。ある日、家の庭で、キジの番(つがい)とチャボの番が出くわしてしまいました。チャボの番は放し飼いになっていたのですが、そのメスを気に入ったキジのオスが行動を起こしたのです。それを許すまいとチャボのオスがキジのオスに抗戦し、ただならぬ鳴き声が庭中に響きわたりました。最終的には元の鞘に収まったのですが、庭のはずれの草むらで、素知らぬふりをして餌をついばむキジのメスがなんだかかわいそうに思えました。

また、コジュケイの親子が列をなして庭を横切る姿は、なんとも微笑ましいものでした。入学したばかりの小学生が手を挙げて横断歩道を渡る姿を見守るかのように、思わず立ち止まって眺めていたものです。そういえば、森の湧水池にはカルガモやサギも飛来していました。このような光景、今さらながら贅沢なものだったと言えます。今でも、カルガモはやって来ます。

「関さんの森」の周辺

秋の収穫時、田んぼのなかの道を歩くとイナゴがいっせいに飛び立ちました。その田んぼの向こうにも樹林帯があったのですが、その樹林帯や田んぼや畑も、農業が続けられなくなった人びとが開発業者に売り渡し、見る見るうちに住宅地になっていきました。都市化に伴う流れであったわけですが、高度経済成長期を契機にこの流れの勢いが増したのです。

一方、高額な相続税のために嫌々ながら土地を手放す人もいました。前述したように、農業では生計が立たないので区画整理事業に参加し、所有していた土地を開発業者に売る人が後を絶ちませんでした。農地の所有者は、さまざまな苦しみを味わったことでしょう。あるいは、業者や政治家のしたたかな思惑に乗せられて土地を手放したのかもしれません。いずれにせよ、樹林帯や里山、そして畑や田んぼが驚くほどの速さで変貌していったわけです。

その結果、里山の生きものたちもすみかを失い、子孫を残すことができずに姿を消してしまいました。本書で紹介する「関さんの森」が里山として残っていても、リスやイタチといった哺乳類は姿を消してしまいました。捕食される生きものが少なくなると、捕食する側の生きものも生存がかないません。アオダイショウも、ネズミなどが急激に減少したために見かけることがめっきり少なくなりました。

仮に、一つの里山では餌が十分に取れなくても、近くにある里山が健康な状態であれば、多くの生きものたちが移動することによって生きながらえることができます。しかし、周りの緑地が皆無になると、生き延びることが難しくなります。それが理由でしょうか、「関さんの森」でもフクロウは営巣できなくなりました。ただ、年に何回かはこの里山に戻って来て高木の天辺にとまり、あの重厚で特徴的な鳴き声をひととき周囲に響きわたらせ、どこかへと立ち去っていきます。

かつての「関さんの森」。見える建物は門と蔵（撮影：関武夫）

とはいえ、最近はその訪問回数が減っているように感じます。直線距離で五キロほど北にある大きな森（おおたかの森）が開発され、その面積が激減したからかもしれません。フクロウにとっての試練は、ますます厳しくなるばかりです。

猛禽類のツミもかつては営巣していましたが、最近はカラスに邪魔をされて子育てができなくなったようです。緑地が少なくなると、居場所を取られまいと、カラスも必死で猛禽類のツミに挑みます。ツミの番（つがい）は果敢に戦いますが、カラスは仲間を呼び集め、徒党を組んで一歩も引きません。大きさでは少し小型というだけで見劣りのしないツミですが、数の上では一〇倍以上となるカラス軍団との戦いに疲れ果て、撤退を余儀なくされました。

ちなみに、当時小学生の間で流行っていた「ＢＢ弾遊び」(1)もカラスに味方する結果となりました。ツミは小さな弾が飛び交うこの遊びを恐れていましたから、ツミが居場所を変えざるをえなくなった大きな原因の一つとしてこの「ＢＢ弾遊び」を挙げることができます。

最後まで営巣していた猛禽類はアオバズクでした。さわやかな薫風（くんぷう）にのって「ホッホーッ、ホッホーッ」という鳴き声が聞こえてくると、心が和んだものです。近所の人びとも、この鳴き声を聞くと癒され、ぜいたくな気分になると喜んでいました。しかし、第２部で語ることになる都市計画道路、正確には線形を変更した暫定的な計画道路としての新設市道が開通すると、アオバズクの鳴き声はピタリと聞こえなくなりました。

父の活動

この里山の先代所有者である関武夫（私の父）は、子どもたちの身近に自然がなくなることを憂い、一九六七年、屋敷林と畑の一部を「こどもの森」および「こどもの広場」として開放しました。子ども時代は、思いっきり自然のなかで遊んでほしいと願ったのです。

根っからの「自然好き」で「歴史好き」でもあった父は、自宅の周囲を自らの足で調査し、趣味としていた写真をまとめて『写真で見る自然と歴史をたどる散歩道——新松戸・北小金周辺』（一九九〇年）を出版しています（五九ページ参照）。またアルピニストで、当時にしては珍しくスキーも趣味にしていました。一言でいえば、自然と一体になるのがとても好きだったのです。そんな父ゆえ、子どもたちにも思いっきり自然のなかで遊ぶという経験をしてもらいたいと思っていたのでしょう。とはいえ、そればかりではなかったようです。父の願いの底には、環境教育的な思想があったと思われます。

ここで、父について少し紹介します。父は、地質学を研究するために、当時世界的に知られていた矢部長克教授（一八七八～一九六九）を慕って東北大学に進学しましたが、その前に東京高等師範学校（元の東京教育大学、現在の筑波大学）に学び、卒業後、中等学校の教員になりまし

（1）エアソフトガンで球形の小さな弾を打つ遊び。

た。勤務地となった都留中学校では、博物（生物と地学に人体の生理衛生を加えたような教科）を担当していました。都留中学校の記念誌に父が寄せた文章「思い出を綴って」がありますが、それによれば、どうやら父は「直感教授」を実践していたようです。つまり、生徒たちを学校の外に連れ出し、本物の自然に触れさせ、生物と地質を五感で捉え、理解するように誘っていたのです。

また、学校のある山梨県大月の地は、博物の観点に立てば稀に見る恵まれた地域であり、「直感教授の具体的方策を本気で考えるようになった」と書かれています。「桂川の河原にゆき、岩石、地層、段丘などの話などをしてから、クリノメーターで地層の走向を、傾斜を測る実習」を行ったとも書かれています。自然を感じ、学び、楽しむ。これが父の教育コンセプトであったようです。

実物・直感教授といえば、スイスの教育実践家ペスタロッチ（Johann Heinrich Pestalozzi, 1746～1827）です。子ども中心の教育という視点に立って研究すれば、必ず言及される教育思想家であり実践家です。父はペスタロッチと同じく、生徒が自分で見て、感じ、理解する過程を重視していたようです。

休日には、動植物の採集ために希望する生徒たちと一緒に出掛けていました。その採集に参加した生徒が大人になってから、「あの課外活動が楽しかった」と言っていたことを彼の妻から聞いた父はとてもうれしそうでした。

直感教授の導入や活動的な学習の促進などは、当時においては斬新な試みです。勤務期間はたったの三年（一九三〇年四月から一九三三年三月）であったのにもかかわらず、卒業生の集いには毎回招待されていましたから、生徒たちに好かれていた教員であったと思います。

さて、こんな父が地域の子どもたちのために開放した屋敷林ですが、起伏に富んでいるので、子どもたちはダンボールをお尻に敷いてすべり下りたりしていました。そこには市が設置した遊具もあり、バラエティに富んだ遊びを自然環境のなかでたっぷりと楽しんでいたのです。その子どもたちが今は大人になって、久しぶりにこの里山を再訪し、懐かしそうに子ども時代を語る姿を見かけるようになりました。そういえば、「こどもの森」という名称は、車のナビゲーションに掲載されるほどよく知られていました。現在は名称を変え、「関さんの森」でナビゲーションに記載されていますし、路線バスの停留所名ともなっています。

このような里山に、降ってわいたような災難が襲いかかったのです。二〇〇八年のことです。里山の命運については第２部で綴っていくことにしますが、その前に、里山のもつ独特の価値と、里山の置かれた日本の状況について見ていきたいと思います。

農林業の衰退と都市開発

消えていく里山

かつて里山は、農用林として重要な役割を果たし、地域に住む農民たちが里山を利用していました。里山に入り、食用としてタケノコやキノコなどを採取し、枯れ枝や倒木は薪にするなど、燃料も調達していたのです。もちろん、落ち葉は堆肥づくりのために役立ちました。いずれにせよ、里山は地域の人びとにとってはなくてはならない存在だったのです。

このように人びとが出入りしていたことで里山はほどよく整備され、荒れることはありませんでした。つまり、利用者が里山に負担をかけすぎないように注意していたために、表土が痛むことなく、広葉落葉樹の落ち葉によってふかふかした状態が保たれていたのです。当然、地中の微生物も豊かで、生物多様性がよく維持されていました。

住民の生活圏のなかにあった里山ですが、農業と農村の形態が徐々に変化していくと里山の存在意味が変容していきます。農民の生活様式が都市化するに従って変化し、燃料として薪を使うことがなくなりました。さらにいえば、堆肥も化学肥料に代わったために里山は利用されなくなったのです。そうなると、必然的に手入れが行き届かなくなり、里山は荒れていきました。

環境省の「日本の里地里山の調査・分析について」（二〇〇一年中間報告）によれば、日本全体の二次林の面積は約七七〇万ヘクタールで、本州北部を中心としたミズナラ林、本州東部のコナラ林、西日本のアカマツ林、そして南日本のシイ・カシ萌芽林に分類されるとのことです。これらの二次林も、人間が手入れをしなくなると植生が変化していきます。徐々に、その生態系の条件にもっとも適合した植生（極相）に変わっていくのです。たとえば、シイやカシなどの常緑樹による暗い森になります。あるいは、よく見かけるように、タケ（マダケ、モウソウチク）類が増え、藪状態が拡大していくことになります。

それればかりではありません。高度経済成長期を契機に都市近郊の里山は、公共事業としての開発にとって格好のターゲットになりました。先に述べたように、樹林帯、畑、田んぼが、動物もいなければ植物も生えないただの平地に変えられていったのです。農民たちは廃業に追い込まれ、平地は区画整理を経て土木・土建業者が考える「開発」の材料になりました。

住民の多い地区の再開発には、買収するための資金と時間がかかります。それに比べて、地価が安く、地権者数の少ない里山は開発しやすいのです。国の農業政策が農民に未来への期待を抱かせているならばいざ知らず、そうでないとすれば、里山は開発業者と行政が組みしやすい「開発ターゲット」でしかないのです。開発と成長が現代的な「進歩」とされ、利便さと経済的利益がしゃにむに追求されてきた結果、里山は次々と消えていきました。

里山破壊が続く理由

都市化が果たされても、里山破壊は一向に留まる気配がありません。なぜでしょうか。それには、いくつか理由がありそうです。

その一つは、列島改造論が賛美されて以降、各地につくられた数多くの中小土木土建・不動産企業の存在です。これらの企業が高度経済成長を牽引したとも言えますが、成長のピークが過ぎて安定的な経済状態になっても、生き残りをかけて際限なく何かを建設したり、道路を造ったりしていかなくては企業の存続ができません。当然、「公共事業頼り」となります。

他方、都市近郊の地方自治体議員の集票には、土木土建・不動産にかかわる企業および関係者の協力が重要である、という選挙文化もできてしまいました。この業界には、経営者自身が議員という人も少なくありませんでした。そして現在、「地域のボス」として政治家・議員を背後で支える存在となり、これら二者が行政と一緒になって開発推進共同体を形成しているように思います。

もちろん、社会にとって必要な開発や必要があって造られる道路もありますが、「造ることが目的」という道路も現実には存在しています。「造る」必要性というものは、あとから付いてくるのです。たとえば、消防車や救急車の走行に関して便宜を図るというものです。誰も反対しないという理屈が使われ、道路建設の必要性がアピールされることになります。

それでは、すべての都市近郊の地方自治体が公共事業による恩恵を土木・土建業者に付与し、開発の名のもとに自然環境・里山の破壊を続けているのかといえば、さすがにそれは言いすぎとなります。

自治体の歴史はそれぞれの住民がつくるものですから、住民の意識、つまり自らの生活空間を自分たちの手で心地よい場につくりあげていこうという意識の高さがあり、その地に生きるという主権者意識の確固さがあればストップがかかります。主権者意識の高い住民が多く住む地域では、住民が開発業者による自然破壊にブレーキをかけ、行政もバランスのとれた安定的な住みやすさを追求することになります。開発計画のスタートから住民が参加し、議論を重ねるという民主的な過程が大事となります。

里山の近くや緑豊かな地域に移り住んだ人びとは、心地よい生活をはじめたのも束の間、その周囲の緑が壊されていくという現状を目の当たりにしてきました。バランスの取れた都市化が行われたと思いきや、残された緑地が消えていったのです。こんなはずではなかった、と思った人びとがアクションを起こしはじめました。そのアクションが、先に述べた里山保全の市民運動なのです。

コミュニティの衰退

神社も移動

農業の兼業化や農業労働の機械化などにより、農村における「助け合い」という労働形態が減少していきました。都市近郊にある多くの農家は、農地を開発業者に売却したり、区画整理事業によって農業を続けることを諦めざるをえなかったのです。こうなると、農業労働の節目を意味するお祭りなどのイベントも徐々に縮小していくことになります。その結果、農業労働と冠婚葬祭によって強く結び付いていた人間関係が弱まり、稀薄化していきました。

かつて冠婚葬祭というセレモニーは、コミュニティの構成者が総出で行ってきました。だからコミュニティ内には、結婚式のために必要な食器一式を備えている家が何軒かありました。お葬式も、地域の住民たちによって執り行われました。私が住む地域では、六〇年ほど前までそのようにされていました。当時、都心の中学校に通っていた私は、学校帰りに友だちとワイワイおしゃべりをして駅に向かう途中、珍しい車を発見して「あれは何？」と尋ねて笑われたことがあります。それは霊柩車でした。それまで霊柩車を見たことがなかったのです。棺は住民が担いで墓場まで運び、住民の手で土葬されていたのです。

コミュニティでの人間関係は、ある生活様式を支え、文化を育むという意味で非常に緊密なものでした。ところが、都市化が進み、開発が盛んになると、里山のシンボル的な存在であった神社や祠が移動を余儀なくされるという事態になります。松戸市内の北小金駅の駅前開発では八坂神社が引っ越しを余儀なくされ、御神木であった巨木もすべて伐採されました。

八坂神社があった所は交通の要衝でした。どこの集落でもそうですが、神社は意味のある場所に祀られ、人びとの生き方を見守ってきたのです。集落が育んできた歴史や文化という文脈が込められているのです。人びとの心の拠り所となっていた神社さえも移動してしまうという暴挙、それが「都市開発」なのです。

行政側にとって「物分かり」のよい共同体が生まれる

里山住民で構成されている共同体の多くが、区画整理事業や公共事業の展開によって、「もの申す農民組織」から自治体の下部組織へと変容する場合もありました。いわば、上意下達になじむコミュニティがつくられていったということです。「開発」が行政主導あるいは行政関与の事業となると、これらのコミュニティの住民たちは、行政に従うほうがなにがしかの「得」につながると考えたわけです。開発によって少しでも利益が得られるようになると、行政側にとって「物分かり」のよい人びとが生まれていくのです。

本来、近代化によって民主的な市民が育つはずなのですが、行政主導の開発が行われると事態は反転し、このような人びとが増えるというのも現実です。里山の社会的価値の一つとして、人間の自然に対する関係のあり方によって、コミュニティを構成するメンバーの結び付きが育つということがあります。樹林帯などを住民参加で自律的に管理し、自立性を培いながら人と人がつながるという価値を里山がつくりだしてきたことを忘れてはいけません。

自然保護が叫ばれるようになっても、こうした価値をいっさい考慮することなく、「手付かずの自然だけが価値あるもの」と力説する研究者もいました。このような人たちが里山破壊を間接的に許容したこと、とても残念でなりません。

順応的管理の限界

里山の保全がうまく進まないのは自然資源の管理方法にもよる、という意見があります。里山研究の第一人者である宮内泰介氏（北海道大学教授）が問題視したのは、多くの環境保全の政策が現実にはうまくいっていないという現状です［宮内泰介（二〇一三）一五ページ］。

宮内氏によれば、自然資源管理の手法で主流となっているのは「順応的管理（adaptive management）」です。順応的管理とは、科学的なデータに基づいてプランを立て、それを実施し、結果を検証し、場合によっては軌道修正するといった手法のことです。ここで問題なのは、現場では市民参加や合意形成がうまくいくとはかぎらないという点です。では、どうしてうまくいかないのでしょうか。その理由として宮内氏は、次の四点を挙げています。

❶「市民参加」や「協働」が、「上からの協働」や「市民参加の強制」になりやすい。
❷誰がステークホルダーなのかが分かりづらい。
❸価値観が多様で、合意形成が難しい。
❹合意形成の仕組みが硬直化しやすい。［宮内（二〇一三）一九〜二〇ページ］

　こういう事態に遭遇すると、行政やプロジェクトリーダーたちは、決まって「より多くの市民・住民への啓蒙が必要」と言います。要は、理解できない人びとに都合のよい情報を提供して、「ご理解を得たい」という手法です。

「啓蒙が必要」という表現が、プロジェクトや政策の本性を示していると言えます。つまり、啓蒙して「ご理解を得る」というのは、プロジェクトが行政による（上からの）政策であり、それを「何が何でも実現する」と言っていることと同じなのです。では、順応的管理を克服するためにはどうすればいいのでしょうか。

　克服するための方法の一つが、東京工業大学の名誉教授であり哲学者の桑子敏雄氏が述べる

「創造的合意形成」です。開発の多くは公共事業として行われ、往々にして対立をはらむものです。公共事業にとって何が重要なのかと問い直してみると、やはり大事なことは「合意形成」と言えます。合意形成に必要な要素として桑子氏は、「心理」「論理」「倫理」を挙げています。(2)「心理」を考える際に重要なことは「信頼」です。「論理」は、対立する両者の間で交わされる言語的な行為で、具体的に言えば情報の提示や意見の明確化などとなります。つまり、事業者側が果たすべきなのは説明責任、「分かりやすさ」となります。そして「倫理」は、行為を規制する規範であり、対立する者同士がどのような規範を意識しながら問題解決に努めるか、となります。事業者側が手順を踏まず、提供すべき情報を突然告知するといった手法を取るとすれば、それは「もってのほか」となり、まさに非倫理的な手法となります。

桑子氏が主張しているのは、現場からの理論化なのです。創造的合意形成システムの構築は、以下の二つの要素をふまえれば可能になります。

❶問題が生じている現場に立って、紛争の本質を把握すること。

❷日本の地域文化に蓄積された合意形成の知恵をこれからの時代に活かすこと。［桑子（二〇〇五）一三四ページ］

桑子氏は、欧米の手法を参考にしながらも、日本の歴史に蓄積された文化を大切にし、そこに蓄えられた知恵に学ぼうとしています。また、日本近世史の代表的な研究者である渡辺尚志氏（一橋大学大学院教授）が民衆の生活文化を掘り起こしていますが、そこに見いだされるのは民衆の合意形成の知恵です。

渡辺氏の著書に『殿様が三人いた村——葛飾郡幸谷村と関家の江戸時代』というものがあります。サブタイトルをご覧になれば分かるように、ここで描かれている村というのは現在の松戸市幸谷、つまり「関さんの森」がある所です。江戸時代、将軍家の直轄領であった領地（五一二石）を三人の領主（旗本）と現在も残る東漸寺が治めていたことを、関家に残る古文書などを参考にして書かれたものです。歴史好きの人でさえ「へえーそうだったの」と驚くようなことが分かりやすく書かれていますので、ぜひ読んでみてください。

ここでこの本を紹介するのには理由があります。江戸時代では、領主、名主などの指

『殿様が三人いた村』の表紙

（2）　桑子敏雄『風景のなかの環境哲学』東京大学出版会、二〇〇五年、一二四ページ参照。

導層、村民、隣村といった多様な人びとが、あるときは譲り合い、あるときは決然と自己主張して問題を解決するというコミュニケーション空間が存在していたということが見事に描かれているからです。

かつては行われてきた地域自治が、先ほど述べたように、現在では難しくなってきています。こうした歴史に学ぶという姿勢があれば、創造的合意形成の可能性も次第に開かれていくような気がします。

第3章

里山の価値——なぜ、里山を護らなくてはならないのか

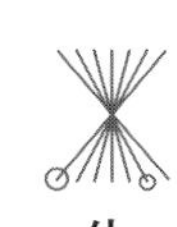

生物多様性の宝庫としての里山

里山にどのような価値があるというのでしょうか。なぜ里山を残し、保全しなくてはならないのでしょうか。その理由は、先に示したように、里山は生物多様性の宝庫だからです。その生物多様性は、人間の日常生活にどのような意味をもつのでしょうか。生物多様性という価値を簡単に説明するために有効となるのが、「生態系サービス（ecosystem service）」という考え方です。つまり、生態系が私たちの生活に役立っているという認識です。

第1章の最後に少し紹介しましたが、生態系の健全さを評価する国際的プロジェクトであるミ

レニアム生態系アセスメントが示す「生態系サービス」のうち三点を、森林生態学者（東北大学大学院生命科学研究科教授）であり、第一回みどりの学術賞の受賞者でもある中静透氏のまとめに基づいて紹介していきます［中静（二〇〇九）参照］。

①生態系が提供する物質（物資の提供）

これには、生態系が生産するモノ、食糧、水、燃料、木材、薬品、化学物質、遺伝資源などが含まれます。

生物多様性の議論でよく聞かれるように、熱帯植物のなかには病気の特効成分をもつ樹木があるかもしれませんし、土壌の中から有効な抗生物質をつくる菌が見つかるかもしれません。また、遺伝子資源に着目すれば、品種改良による生産性の向上や、その場所の気候にあった品種改良、病気に強い遺伝的性質をもつ品種をつくりだすという可能性も期待できます。つまり、生態系が維持されれば、私たちはこうした恩恵を受けることができるということです。

②生態系プロセスを調節することによってもたらされる利益（調節的サービス）

森林による気候の緩和・制御や洪水の防止、または健全な河川による水の浄化といったことがすぐに思い浮かびます。言い換えれば、災害に強い国づくりにかかわる要素でもあります。水源税や環境税は、このような生態系サービスが損なわれないように、それを補償するための費用を賄う試みです。

病気や害虫の制御には、生物多様性の調節的サービスが役立ちます。「害虫や病気は、同じ種の生物や均質な遺伝的性質をもつ生物の大集団で大発生しやすい」〔中静（二〇〇九）二〇ページ〕からです。また、生態系が維持されていくためには共生関係が必要となります。花粉を昆虫に運んでもらうとか、種子を鳥に運んでもらわなくてはなりません。生態系の自己維持機能は、生物多様性が条件となっているのです。

③文化的な利益（文化的サービス）

生態系から得られる非物質利益のことです。精神性、レクリエーション、美的な利益、さらには発想、教育、共同体としての利益、そして象徴性などを指しています。「多くの土着の宗教は生物や生態系と関係しているし、いくつかの生物は民族や地域の象徴になっている」〔前掲書、二五ページ〕ことは確かです。たとえばフクロウですが、「賢明さ」の象徴としてよく挙げられます。でも、一七世紀には「頑固さ」の象徴でもありました[1]。

文化的な利益の例として、ロシア極東（主に、ロシア国内の沿海州シホテアリン山脈周辺）に暮らす少数民族の「ウデヘ（Удэгейцы）」を挙げることができます。彼らは狩猟民族にもかかわらずアムールトラを神聖視しており、決して狩りの対象とはしないのです。また、「……地域社会では宗教儀礼やタブー、言い伝えなどのかたちで、生物資源を持続的に使う方法が制度的なしくみとして生きている」［モリス（二〇一二）二六ページ］という点も無視することができません。

近代化が遅れている地域において、近代科学が指し示す危機管理を先駆的に行っている事例は珍しくないのです。とくに、絶滅危惧種の保全には、この文化的サービスの価値が大きいと言えます。一例が、先ほど挙げたアムールトラです。絶滅危惧種なのですが、その保全にウデヘ族の規範が役立っているのです。(2)

なお、生態系サービスには「基盤的サービス」というものもあります。ここで説明した三つのサービスを支える、土壌形成などに関するサービスのことです。

生物多様性の難しさ――鳥インフルエンザ

生物多様性の問題が難しいのは、知識・科学の不確実性と予測の困難さがあるからです。また、絶滅危惧種の保全などについては、地域的な文化とかかわっているために社会的評価が一致しないこともあり、広域で取り組む際にさまざまな困難が伴うことになります。

二〇一八年の秋から年末にかけても鳥インフルエンザがニュースで報じられましたが、鶏舎で鳥インフルエンザに罹患したニワトリが発見されると、健康な大量のニワトリが殺され、廃棄されてしまいます。高病原性鳥インフルエンザ[3]が見つかると、家畜伝染病予防法に基づいて飼育場内の家畜のすべてが殺処分されるのです。その残酷なシーンを、テレビニュースで見た人も多いことでしょう。

二〇一六年から二〇一七年の冬にかけて、この高病原性鳥インフルエンザが世界的に流行しました。野鳥での感染例が過去最高を記録した、と〈朝日新聞〉（二〇一七年四月六日付朝刊）が報じています。この間に、国内では約一六六万七〇〇〇羽が殺処分されています。

この鳥インフルエンザの流行が、生物多様性の喪失とかかわっていることをご存じですか。鳥小屋を一つの生態系として考えると分かりやすくなります。

専門家によれば、鶏舎には鳥インフルエンザが忍び寄るだけの条件があるというのです。兄弟のような類似した遺伝子をもつ大量のニワトリ、高カロリーの餌、適度な温度と水分、これらが

（1）デズモンド・モリス／伊達淳訳『フクロウ——その歴史・文化・生態』白水社、二〇一二年、四八〜六〇ページ参照。
（2）関啓子『トラ学のすすめ——アムールトラが教える地球環境の危機』（三冬社、二〇一八年）を参照。
（3）鳥インフルエンザウイルスのなかには、家禽類のニワトリ、ウズラ、七面鳥などに感染すると非常に高い病原性をもたらすものがあります。これらを「高病原性鳥インフルエンザ（ＨＰＡＩ）」と呼び、世界中の養鶏産業にとっては脅威となっています。

病原菌にとってはベストとなる条件なのです。さらに、ニワトリの餌には抗生物質や殺菌剤が投与されていますから、無菌に近い状態が体内につくられるようになっています。つまり、微生物の多様性が損なわれているわけです。そこに、抗生物質に耐性をもつ菌あるいは抗生物質の効かないウイルスが侵入すると、栄養分が豊かで競争相手がいないため、猛烈な勢いで増殖することになります。しかも、ニワトリは遺伝的に均質なので、ウイルスの増殖にとっては「もってこい」という条件が整うのです。

毒性の強い耐性菌ですが、実は増殖力はそれほど強くないため、ほかの菌のいるところでは繁殖できません。でも、ウイルスを運ぶのが野鳥かもしれないと思われているために鶏舎を締め切ることになり、外界との接触が断たれてしまいます。そのためほかの菌が少なくなり、ますます病気が発生して拡がる可能性が高まってしまうのです。

日本の農林水産省が取っている政策は、鶏舎への小動物の侵入防止策です。その策が役立ってか、世界的な鳥インフルエンザの流行にもかかわらず、日本での殺処分数は例年と変わらないと言います。でも、小動物の侵入を防ごうとするあまり、密閉に近い不自然な環境で飼育が行われています。先にも述べたように、そのような環境がウイルスの活躍と蔓延を許すわけですから、もう少し自然に近い形態を取り入れて飼育するという方法や政策を模索してもいいのではないでしょうか。

森林セラピー——ケアの場としての里山

先ほど述べた「生態系サービス」にかかわることですが、里山が私たちの健康に役立っている点について触れることにします。

日々、マスコミなどで取り上げられているように、現代人は多くのストレスを抱えて生活しています。そのためでしょう、健康志向が強く、テレビなどにおいても健康にかかわるテーマを扱う番組がたくさん放送されています。

ストレスで疲れ、気持ちが折れそうになっても、森の中を散歩したり、広い公園などでゆっくり過ごしているとなんだかリラックスし、少し元気になったりしませんか。いわば、新しい一日のような清々しさです。こうした気分になるのには、ちゃんと科学的な根拠があるのです。

心拍や血圧、ストレスホルモン量などを計測すると、森林ではストレスホルモン量が低下すると報告されています。森の中では、ストレスがかかると高くなる交感神経の動きが抑えられ、リラックスしたときに高まる副交感神経の動きが盛んになっていることが分かっています。俗に言われる「森林の癒し効果」です。となると、都市部や都市近郊にある里山は、身近に癒しが得られる「ケアゾーン」と言うことができます。

里山や森林公園などで森林浴を楽しむ人たちも多くなりました。遊歩道を歩きながら四季の変化を楽しむわけです。寝転んで、ゆっくりと安らぐことも可能です。森林での効果として、〈朝日新聞〉は以下のような記事を掲載していました。

「ストレスホルモンの濃度が低くなったり、がん細胞の増殖を抑える細胞の活性が上がったりする効果も知られている」わけで、「医学的な効果が実証された森での森林浴は森林セラピー」です［二〇一六年一〇月二五日付夕刊］。

二〇〇六年五月、「関さんの森」を訪れたレスター・ブラウン博士（viページ参照）は、「気持のよい森林」だと感想を述べたあと、散策後に開かれた講演会の席上でアメリカのペンシル

「関さんの森」にある湧水池と大ケヤキ（撮影：木下紀喜氏）

バニア州での研究に言及しました。それによれば、手術後の患者の回復スピードが、病室から見える風景によって大きく異なったというのです。ブラウン博士は次のように語りました。

「緑を眺められる病室にいた患者のほうが、駐車場しか見えない病室の患者よりもはるかに回復がすみやかであった」

「森林浴」という言葉が表すように、森林の新鮮な空気が心身をリフレッシュし、森の緑が目の疲れを癒すだけでなく、いろいろな動植物が息づく静寂な心地よさが精神的な安定をもたすのです。現在、研究が進んでいる「森林セラピー」は、自然とともにある時間を楽しむ生活スタイルを打ち立て、患者の自然治癒力を活性化し、健康を回復させるという全身的な医療となるわけです。

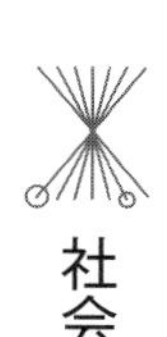

社会的共通資本の考え方

コモンズとしての里山

これまでに述べてきたように、かつて里山は人びとが共同で利用し、管理するという自然資源でした。言うなれば、里山では自然資源の参加型管理システムがとられていたわけです。となると、里山は「コモンズ」であると言えます。

コモンズとは、元来、中世のイギリス（イングランドやウェールズ地方）で見られ、「コモナー」と呼ばれる人たちによって共同利用されている土地を示す用語です。その土地の所有者とは別にコモナーがヒツジやブタなどを放牧し、乾草を集めるなど、農業や牧畜といった営みに関して利用する権利をもっていました。一定のルールのもと、コモンズは人びとによって利用されていたのです。

日本でいえば、森林や漁場に関する「入会権」がコモンズとなります。現在、共有地あるいは入会地としてのコモンズの管理制度が注目されています。コモンズは、住民による共同利用と管理を基盤としますので、そこでは自然資源の生態学的安定と持続可能性を担保する仕組みが生かされてきました。

産業革命以後、効率が重視されるようになり、近代国家のもとで入会制は「前近代的、非効率的なものとして排除され」ていきました。しかし、世界的に自然環境の持続可能な管理と維持が求められるようになると、この参加型の管理システムが再評価されるようになったのです(4)。

東京大学の名誉教授で、経済学者であった宇沢弘文氏（一九二八～二〇一四）によると、里山をコモンズとすれば、その里山を社会的共通資本と見ることができます。宇沢氏は、次のように社会的共通資本を定義しています。

「一般に、ある稀少資源のストックについて、それが社会的に管理され、そこから生み出される財・サービスが、なんらかの意味で社会的に配分されているときに、それを社会的共通資本という」［宇沢・関（二〇一五）七ページ］

宇沢氏にとって重要なことは、「健康で文化的な生活を保障するためには、どのようなサービスが公共的なものとして供給されなければならないであろうか」という問題です。［宇沢・関（二〇一五）九ページ］すべての市民が文化的に生きるために必要な生活環境を整備し、維持することが大事なのです。そこで宇沢氏は、社会的共通資本として、「自然環境」、「社会的インフラストラクチャー」、そして「制度資本」の三つを挙げています。

自然環境とは、言うまでもなく大気、河川、森林、土壌などです。社会的インフラストラクチャー（社会資本ともいう）とは、堤防、港湾、電力の供給施設、上下水道、多様な文化施設などを指しています。そして制度資本には、教育・医療制度、司法、行政、金融制度、警察、消防などが含まれます。

宇沢氏が、アメリカの経済学者ソースティン・ヴェブレン（Thorstein Bunde Veblen, 1857～1929）にはじまる制度学派の経済学に基づいて社会的共通資本の考え方を論じていますので、以下で紹介しておきましょう。

（４）宇沢弘文・大熊孝編『社会的共通資本としての川』東京大学出版会、二〇一〇年、二一～二二ページ参照。

「里山の本なのに、経済学の勉強をするの？」と思われるかもしれませんが、自然環境が地球上のすべての人びとのための大切な資源であり、すべての人びとの安定した文化的生活に不可欠なものだから、みんなで自然環境を守らなくてはならないということを宇沢氏の指摘に基づいて説明したいと思います。

社会的共通資本としての森

森林は、なぜ社会的共通資本でなければならないのでしょうか。森林資源が減少すると、土砂崩れなどの災害が多発し、生物種が連鎖的に絶滅するなど、予期せぬ事態を招くことになります。しかし、決定論的にこの危険性を捉えることができないため（知識・科学の不確実性と予測の困難さのため）、利潤追求が第一の社会では森林資源は過小評価され、その保護が後回しになっているのです。そこで、宇沢氏は次のように警鐘を鳴らしました。

「森林資源を単純な利潤動機に任せるわけにはいかない」

実際、近年は全国で自然災害が多発しているわけですが、多くの人命を奪う土砂崩れについていえば、もし、住宅開発の際に土壌などを徹底的に調査し、土砂崩れが起きる危険性が明らかにされていたら悲劇を招かずにすんだかもしれないと、素人ながら口惜しい思いがします。また、開発許可を出す行政がもっと厳しい調査結果の開示を要請していたら……と残念でなりません。

言うまでもなく、人命は企業の金銭的利益よりも重いのですから。

さらに宇沢氏は、森林の自然的、社会的、文化的な重要性を指摘しました。たとえば、森林土壌はさまざまな微生物を育み、自然のエコロジカルな均衡を維持するといった中心的な役割を果たしているのです。しかし、悔しいことに、森林は人工的な破壊に対しては無力です。ひとたび破壊されれば、元の状態に戻すためにとんでもない費用と時間がかかります。なぜなら、森林は土壌の性質、水の流れ、樹木、動物、微生物との相互作用からなる複雑系であるため、簡単に戻すことができないからです。

森の恵みについて、宇沢氏は次のように言っています。

「森林では、樹木の葉の総面積は、土地面積よりはるかに大きい」

「森林は大量の水を土のなかに貯めておいて、地中深くのびている根によって水を吸い上げ、葉から大気中に蒸発散させる」［宇沢・関（二〇一五）一九ページ］

水が「葉から大気中に蒸発散させる」ときには大量の気化熱が使われるため、森の中は涼しいのです。森林の樹木は、「炭酸同化作用を通して、地球温暖化の主因である大気中の二酸化炭素の蓄積を抑制」［宇沢・関（二〇一五）一九ページ］します（森林が二酸化炭素を蓄えるので、大気中の二酸化炭素が減るわけです）。ＩＰＣＣ（気候変動に関する政府間パネル）の推計によれば、一八五〇年から一九九八年の間に二七〇〇億炭素トンの二酸化炭素が放出されましたが、その約半分は森林の消失や土地利用の転換によるものだったのです〔宇沢・関（二〇一五）二〇ページ〕。

このように里山は地球温暖化を抑えるという役割を果たしているわけですが、この地球規模の意義がなかなか共有されないため、森林破壊につながる開発を止めることができない状況となっています。

また、森林の消失は生物種の絶滅にも結び付きます。宇沢氏によれば、医薬品のなかのおよそ四分の一は、熱帯雨林のなかに生きている植物や動物、また土壌の中に生存している微生物を原料としています。森林は人間の健康と命に役立つ大切な資源なのですが、その重要性は、経済的利益を優先するとたちまち無視されてしまうのです。つまり、樹木は伐採され、貴重な自然資源は根こそぎ破壊されるわけですが、その際、まずターゲットにされるのが熱帯雨林となります。

こんな状況のなかに、もう一つ複雑な事態が加わります。たとえ自然が守られ、森林の微生物によって医薬品の開発が成功し、大きな利益が生み出されたとしても、その利益は開発した先進国に集められてしまうということです。たしかに、医薬品の開発には費用がかかります。それが理由で、先進諸国が資源を収奪し、利益も独占してしまうのです。その結果、地球上に不平等な状況が拡大していくことになります。

残念な事実を、もう一つ付け加えざるをえません。森林破壊は、森に生きる先住・少数民族の生業を奪うだけでなく、その文化をも壊していきます。開発によって経済的利益を目論む人びとは、いささか不適切な表現ですが、文化の多様性にかなり「鈍感な人」だと言えます。

持続可能な発展は可能か

「自然環境の保全を優先したら、経済が発展しないのではないか」と、心配する方もいらっしゃることでしょう。しかし、「経済発展や景気を最優先して、自然を破壊し続けることもやむなし」としてしまって本当にいいのでしょうか。また、経済発展と自然保護は永遠に対立する関係でしかないのでしょうか。さらに、経済発展の持続可能性は、自然環境の保全と相容れないものなのでしょうか。宇沢弘文氏は、「そうではない」と言い切っています。

古典派経済学を集大成したジョン・スチュアート・ミル（John Stuart Mill, 1806~1873）の理論をベースにして宇沢氏は、市場経済のもとで持続可能な経済発展と自然環境の安定とが一体的に実現する状態を読み取っています。それが、「定常状態（stationary state）」という概念です。「ミルの定常状態は、市場経済制度の究極的な姿で」あり、ミルの「理想主義的な世界観」を反映しています。また、「経済発展が持続可能であるということは、自然環境の状態が年々一定水準に保たれ、自然資源の利用は一定のパターンのもとにおこなわれ、しかも、消費、生活のパターンが動学的観点からみて最適かつ公平な経路を形成しているときであると定義され」ています［宇沢（二〇一五）二五ページ］。

　こうした安定的な経済的条件のもとでこそ、人びとは安心して多様な文化的、社会的な活動ができるのです。これこそ、豊かな人間的社会の実現ではないでしょうか。

　定常状態の具体化については、第3部の「里山資本主義」において日本を舞台にしてもう少し具体的に説明をしていきますが、ここでは、市場経済のもとでも経済の安定的発展と自然保護とが、理論的には両立しうるということだけ指摘しておきます。

　とはいえ、経済の安定的発展と自然保護との理論的な両立を現実のものにするにはどうしたらいいのでしょうか。正直なところ、頭を悩ます問題です。樹木が、森が、里山が、人間の身体と精神の健康に役立ち、地球温暖化といった地球規模の環境問題の解決にも資するというのに、どうして木々は邪険に扱われなくてはならないのでしょうか。

　先に示したように、多くの都市や都市近郊では、公共事業によって土木・土建業者の利益が優先されるというのが常となっています。また、民間事業での住宅やビル建設も盛んです。こうした社会では、里山などの自然環境を壊すことが「開発」と見なされ、促進されるというメカニズムが存在しています。このメカニズムとどのように向き合うのか、それが根本的な課題となります。

もし、民主的な社会を目指すというのならば、そのメカニズムが理由となって発生する問題を、公共的な協議事項として多くの人びとの前に顕在化させることが重要となるでしょう。続く第2部では、環境問題を公共的な協議事項として、社会に訴えていった市民活動にフォーカスを当てることにします。お察しのとおり、「関さんの森」をめぐっての抗争過程のお話です。まるでドキュメンタリー映画を観ているかのような展開、読者のみなさんも当事者になった気分で読んでいただけたらうれしいです。

第2部

里山を育み、護る活動

倒壊の恐れのある木を倒す（2019年２月３日）

第４章

「関さんの森を育む会」の誕生と活動

里山の春はうららかに華やぎます。ウメに続いてサクラが開花し、河津桜を筆頭に、各種のサクラがバトンタッチ形式で春を謳歌します。ヒヨドリなどの鳥たちがサクラの花に戯れ、ピーピーと嬉しそうにさえずり、気分が一層晴れやかになります。

ソメイヨシノが満開になると、そろそろサクラのリレーもゴールが見えてきます。モモが赤い花をつけ、ボケも可愛い丸い花を咲かせます。レンギョウの木は黄色に染まり、ユキヤナギが清新な緑と花の白さとのコントラストで春をめでるころには、地面は生け花のねじめ（根締め）よろしくオオアラセイトウによってバイオレットに染まります。ツバキのツヤツヤとした葉叢（はむら）のなかから、赤やピンクや白の花が元気に顔を出しています。ジンチョウゲの香りも漂うなか、花と緑の混ざり合った全体がほんのりと明るく、インスタ映え間違いなしの春景（しゅんけい）が広がります。

里山の春には、何かよいことがはじまりそうな、そんな清々しい風情が漂います。そう、「関さんの森」もこうした里山なのです。

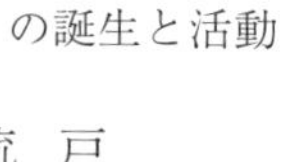

「こどもの森」の誕生

千葉県北西部、ＪＲ常磐線（営団地下鉄千代田線乗り入れ）とＪＲ武蔵野線が交差する「新松戸駅」から東へ歩いて八分の所に「関さんの森」はあります。ＪＲ常磐線のすぐ西には江戸川が流れています。つまり、東京都と境を接した松戸市の北部となります。

次ページに掲載したイラスト図にある「屋敷林」の一・一ヘクタールを子どもたちの遊び場として開放したのは、私の父である関武夫でした。周囲の森林が次から次へと伐採され、子どもたちが育つ場所から自然がなくなっていく様子を父は心から憂い、松戸市を通じて、所有地であった屋敷林を地域に開放したのです。一九六七年、「こどもの森」が誕生した瞬間です。ちなみに、「こどもの森」という名称は、先にも述べたように自動車のナビゲーションに掲載されるまでになりました。また、クヌギやエノキの大木に囲まれた畑も、子どもたちの運動場として同時期に開放しています。現在は道路で分断されていますが、「クヌギの森」と「エノキの森」の一部を「こどもの広場」と呼んでいました。

関さんの森のイラスト図

父が出版した『写真で見る自然と歴史をたどる散歩道――新松戸・北小金周辺』には、当時の里山の状況とそこに息づく歴史・文化遺産が地図とともに紹介されています。この本が新聞で紹介されたことで、本を片手に散策を楽しむ人をよく見かけるようになりました。

さて、開放された運動場「こどもの広場」では、週末、毎週のように少年野球チームが練習をし、試合ともなれば保護者が応援に駆け付け、大木の陰に陣取って声援を送っていました。子どもたちと大人たちの声が交錯する様子、とても楽しそうでした。

利用者は子どもたちばかりではありません。ウイークデーには、地域に住む年配者たちがゲートボールに興じていました。親しげにおしゃべりをしながら連れ立って運動場に向かう人びとを私もたびたび見かけました。緑の風が癒しを運ぶ運動場は、年配者のコミュニケーションとつながりの場にもなっていたのです。その広場では犬の散歩仲間もおしゃべりに夢中になり、犬を介して友達の輪が拡がっていったようです。

私も「ラッキーのおばさん」と呼ばれて

『写真で見る自然と歴史をたどる散歩道』（1990年）の表紙

いました。犬友は、犬の名前で呼び合い、仲良しになります。犬が雑種でも血統書付きでも、犬同士はそんなことおかまいなしに対等に遊び回るので、飼い主（飼育者）もまた対等な関係でおしゃべりを楽しんだのです。

「こどもの広場」の脇に立つ大木は、新緑で春を告げるだけでなく、サヤサヤとかすかな音を立てながら盛夏には涼しさを運びます。夏休みには、子どもたちがカブトムシ取りに夢中になっていました。現在、「こどもの広場」はありません。あった所には道路（新設市道）が造られ、一部が「クヌギの森」としてその面影を残しています。この第2部では、この道路が造られるまでのことを中心にして話をしていきます。

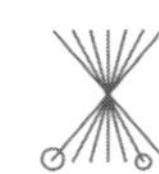

どうすれば森をそのまま残せるか――捨てる神あれば拾う神あり

自然をこよなく愛した母

自然保護に熱心だった父は一九九四年に亡くなりました。父以上に自然をこよなく愛し、大事にしてきた母もじは、その一五年前となる一九七九年に亡くなっています。その後、父が自然保護のためにさまざまな知恵を絞ってきたのです。

母は自然保護にことのほか熱心でした。当時は、自然保護という言葉もあまり一般的なものではなかったと思います。どうして母は、樹木と森をとことん大切にしたのでしょうか。ここで、少しばかり母について紹介させてください。

森を、樹木をとても大事にしていた母は、樹木の勢いがなくなると肥料を施し、樹木の養生に努めていました。台風などの強風が吹いた翌朝には森を見回り、折れた枝や倒木がないかと調べていました。もし、枝が折れていれば、幹に負担がかからないように手入れをしていました。ちなみに、倒れた樹木は製材し、材木として保存しました。現在住んでいる家は、こうして保存されていた材木で造られています。

この地で生まれ育った母は、まさに「里山に生きた人」と言えます。その生き様は、まるで樹木と会話をしているようでした。木々の状態を目で確かめては診断し、養生の方法を工夫していたのです。そのための投資も惜しみませんでした。樹木も母の気遣いにこたえるかのように長生きし、元気な緑と清々しい空気を振る舞ってくれました。まるで、お互いに生きる喜びをシェアーしあっているかのようでした。

母の気遣いを受けた古木や大木は、地域のシンボル的な存在となりました。地域に住む人びとのアイデンティティの構成要素になっていたのです。森や樹木の地域的な意味を大切にする気概は、名主の家の娘としての矜持(きょうじ)も含まれていたのかもしれません。

村の風景を護るということは、村の歴史と文化を大事にすることにつながります。その証拠に、母は先祖が残した古文書、書類をとても大切にし、風通しのよい蔵で保存していました。紙が必要になった戦時中も、決して古文書には手をつけさせませんでした。

緑との共生とは、人間にとっては、生活する場所に生きる樹木の存在が自己のアイデンティティの一要素になるということでしょう。それゆえ、樹木を見るとほっとしたり、樹木を見るとやすらぎ、自分を取り戻すのです。自分が自分であることを樹木との交歓によって確認し、生きる力をもらい、時には自己を刷新します。これが「樹木と生きる」、「里山に生きる」ということでしょう。私の母は、このような一生をこの地で全うしました。

のしかかってきた相続税

母の死後、一人で森を護ってきた父が亡くなると、相続税がのしかかってきました。森をこのまま残したい、父母の自然への愛を継承したい、と私たち三姉妹は思いました。しかし、相続税は、父母の思いを簡単に継承できるほど甘いものではありませんでした。屋敷林を売却しなければ相続税が払えない、これが現実だったのです。友人にも相談し、特定公益増進法人（略称「特増法人」、現在の公益財団）への寄付を考えました。このとき、税理士が次のように言いました。

「寄付ほど馬鹿げたことはないですよ」

でも、その馬鹿げたことをしなくては森をそのまま残すことができないのです。そこで私たちは寄付を決意しました。ところが、寄付の受け手を探すのがこれまたひと苦労でした。大手の自然保護系財団に寄付を申し出たのですが、なかなかうまく事が運びません。自然保護を担っている現場スタッフが調査に来ると、屋敷林にとても満足して寄付を大歓迎するのですが、当時、財団の幹部は別のことを心配していたようです。

早い話、なぜ寄付を受けなかったかと言えば、近くに都市計画道路の線が走っていたからです。その計画線は寄付の対象地域から外れていたのですが、道路計画が実施に踏み切られた場合、行政側とコンフリクト（争い、対立）が生ずる可能性があると考えたわけです。ちなみに、この財団の責任者は自然保護で有名な研究者で、本も著していました。その人の本を読んでいた私たちは、理論が実践に移されると喜んでいたのですが、その期待は見事に裏切られました。

しかし、捨てる神あれば拾う神あり、です。公益財団法人埼玉県生態系保護協会(1)（当時は特増法人）が寄付を受けてくれたのです。千葉県内にはこうした寄付を受けられる財団がなかったのですが、幸いにも埼玉県の財団が屋敷林を受け取ってくれたのです。その結果、屋敷林はそのまま生き残りました。特増法人への寄付は相続税の対象になりませんし、受け取るほうにも税負担がありません。

（1）　〒330-0802　さいたま市大宮区宮町１－１０３－１　ＹＫビル５Ｆ　TEL：048-645-0570

　都市部および都市近郊から緑地が減少する理由の一つがこの相続税です。「人が死ぬと公園の面積が増える」とか「宅地開発地が増加する」とよく言われています。都市中心部では、相続税が払えないために土地を行政に寄付する場合が多く、それが公園に組み込まれて公園が大きくなるのです。

　もちろん、大手ディベロッパーが高層建築に着手し、地域の景観が無残に壊されることもあります。また、厳しい相続税は、高級住宅街で空き家が増えることにもつながります。そして都市近郊では、急に建売住宅が何棟も建てられ、すでに住んでいた人びとにとっての心地よい環境としての自然が壊され、消失していくのです。

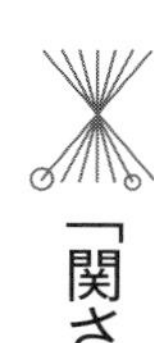

「関さんの森を育む会」の誕生

地域の仲間が集う

　屋敷林を受け取った埼玉県生態系保護協会は、地元有志による保全活動をすすめました。一方、「こどもの森」で遊んでいた近所の人びとは、森が寄付されたら遊べなくなるのではないかと心配していました。こうした声に耳を傾けながら姉の美智子は、なんとか森を育んでいきたいと願っていました。

姉は父母と同様にいたく自然が好きで、あらゆる動植物の命を分け隔てなく愛でていました。森のシンボルであるフクロウから地を這うダンゴムシやアリまで、それぞれの命を大事にし、この地に生きる生きものたちのつながりと循環を大切に見守っていました。もちろん、植物に対しても同じです。豪華なユリから小さなイヌノフグリまで、それぞれの美しさを感じとり、種の存続が乱されないようにと心を砕いていたのです。ですから、森を護り、育てる仲間をなんとしても集めたいと願っていました。参考までに述べると、現在、二・一ヘクタールの区域内では、五五六種の植物と昆虫が確認できます。

そこに手を貸してくれたのが千田優子さん（当時、市会議員）でした。かつて自然保護の観点から区画整理事業に反対していた父に共鳴していた千田さんは、姉に山田純稔さんを紹介したのです。

山田さんは高校の生物教師で、松戸市千駄堀の自然保護運動に取り組んでいました。言うまでもなく、山田さんは生態系と自然保全に通暁（つうぎょう）しており、姉の気持ちをすぐに理解してくれました。千田さんを介して、保全活動のコアがつくられた瞬間です。そこに、父の本である『自然と歴史をたどる散歩道』を読んでいた坂本健さんや、鳥を中心とする野生生物の写真家持田知行さん、森の近くに住む小堀睦子さんなど、自然を護り、育てたいという人たちが集うことになったほか、山田さんと保全運動を一緒に行っていた武笠紀子さん、その友人の戸田真理さん、近所に住む稲毛玲子さんや大竹千津子さんも仲間に加わって、里山保全活動への参加者がどんどん増えていったわけです。

埼玉県生態系保護協会に寄付された屋敷林一・一ヘクタールは、前述したように「こどもの森」として開放されていた所です。それに加えて、周りにある樹林地や果樹園、そして庭や農園などを加えた合計二・一ヘクタールを「関さんの森」という名称で保全することになりました。里山保全のために集まった人びとは、「関さんの森を育む会」（以下、「育む会」と略記）という市民グループを結成し、一九九六年から会としての活動を開始しました。二〇一九年現在、会員数は約一二〇世帯となっています。

活動開始

保全活動がはじまったものの、かなり難儀な作業が待ち構えていました。森は長年にわたって地域に開放されていましたし、子どもたちの遊び場になっていたために斜面の表土が失われていました。つまり、段ボールに乗って滑り下りるという遊びによって表土が剥がれ落ちていたのです。

それだけではありません。ゴミ拾いをしなければなりませんでしたし、手入れが行き届かなかったために竹が増えすぎ、植物の多様性が損なわれつつあったのです。また、森の中には湧水池がありますが、当時、その池はヘドロが溜まった状態となっていました。

　幸い、生きものたちは健在で、フクロウが子育てをし、タヌキも生息していました。季節の移ろいとともにさまざまな渡り鳥も飛来していました。この当時、生息していた動物たちの一部を紹介しておきましょう。

鳥——フクロウ、オナガ、エナガ、アオバズク、モズなど。

昆虫——エゴツルクビオトシブミ、アカスジキンカメムシ、タマムシ、カブトムシなど。エゴツルクビオトシブミは、エゴノキの葉で器用にくるりと、まるで昔の手紙（ふみ）のような筒形をつくり、その中に卵を産みます。その手際のよさは技術者さながらで、幼虫はその筒状の葉を食べて育ちます。

クモ——ジョロウグモ、オナガグモなど。ゴミグモは目を凝らさないと、いるかどうかが分かりません。

蝶——ジャコウアゲハ、キアゲハ、ゴマダラチョウなど。ファファア、ヒラヒラと、蝶は緑のなかに彩りの息吹を注ぎます。ジャコウアゲ

フクロウの勇姿

ジャコウアゲハの羽化

ハは、ウマノスズクサがないと育ちません。種によっては特定の植物しか食べないものがいます。そうした植物を「食草」と言うのですが、ジャコウアゲハにとっての食草はウマノスズクサなのです。「関さんの森」では、このジャコウアゲハが繁殖し、可憐な姿を披露してくれています。

こうした森の生きものたちが生き延びられるように、さらにもっと生きやすくなるようにと「育む会」のメンバーは汗を流しました。増えすぎた竹を伐採し、その竹を斜面に置いて土留めとして利用します。廃棄物を出さず、資源を有効利用する、いわばゼロ・エミッションです。このような作業をしたおかげで、表土の復元が果たされました。もちろん、池の掃除も行い、その周囲には安全柵を造っています。かつては、多い日には二トンの水が湧き、水田に役立てられたそうです。現在、水量は減ったものの湧き続けており、池にはカモやサギといった水鳥がやって来ています。

作業班による森のゾーニング

屋敷林の生態系を調査し、ゾーニング（土地の特徴や用途などによる区分・区画）も行っています。散策路を設け、斜面には竹で滑り止めを施した階段が造られています。湧き水があるため湿地のようにジトジトして歩きにくい所がありますが、その場所には十数メートルにもなる丈夫な木製の橋が「育む会」の会員たちによって架けられました。

こうした里山保全に携わるグループは、「作業班」と呼ばれるようになりました。何でも造れ、何でも補修ができる、腕に覚えのある人たちの集まりです。庭には木製のテーブルとベンチがありますが、これらも増田昭夫さんをはじめとする初代作業班の手づくりです。定期的に行われている「育む会」のミーティングは、このテーブルとベンチを使って行われます。四季を通じて一番気持ちのいい場所にテーブルとベンチは置かれています。

「育む会」の発足以来、里山を元気にし、その公共利用の便宜を図る困難な作業（散策路の整備など）を阿佐美金七さん、武田光男さん、平賀政治さんたちがずっと担ってきました。その

作業班の送別会（2012年７月１日）

努力の結果、荒れていた森が元気を取り戻しはじめたのです。森が復活する様子は、インターネット上で見るイギリスの「ザ・ワイルドライフ・トラスト（The Wildlife Trusts）」による森の復元過程と驚くほど似ていました。

森の周囲に住む人びととの関係が悪くならないようにと、森際に生える草刈りも行っています。「樹木があって心地よいから」と言って森の近くに引っ越してきたにもかかわらず、「強い風が吹いて木の葉がザワザワと音を立てると、子どもが怖がるから木を伐ってくれ」と言ってくる人もいます。「育む会」のメンバーはこうした声にも丁寧に対応し、森への理解が広がるように努めてきました。森の入り口などの要所には手づくりの看板も立てています。そういえば、父は森の倒木を運び出せるように森際に道路を造り、隣地に暮らす人とトラブルにならないように整備を事前にしていました。

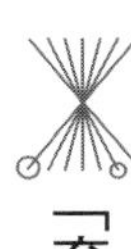

「育む会」の保全活動が拡大した！

ビオトープを造る

「育む会」が誕生してから二年が経った一九九八年、メンバーが近くの宅地開発地に「幸谷ビオトープ」を造ることにしました。近隣の地主が広大な土地（幸谷字観音下）を手放し、宅地開発が行われることになったのです。もちろん、法律に従ってそのエリアに公園が造られることになったわけですが、それならばビオトープ公園にしたらどうか、という話になったのです。

「育む会」のメンバーである山田純稔さんは、同じ高校の教師であった川北裕之さんとともに、当時勤務していた小金高校でビオトープを造ることに成功し、それが教科教育や課外活動で利用され、周辺の市民にも親しまれていました。この経験を活かして、「育む会」のメンバーが、この地域に自生する植物を中心としたビオトープ造りを提案したわけです。そして、「関さんの森」からはクヌギを、次に紹介する「溜ノ上の森」からはコブシを移植しました。

幸運にも、開発を請け負った「ポラスグループ」(2)の社長さんが自然を大切にする人であったため、了解のもとビオトープ公園が造られることになりました。その池にはメダカが放流されましたが、現在このメダカはおらず、確認できるのはザリガニだけです。もちろん、「育む会」のメンバーが池の水が枯れていないかを定期的に調べており、伸びすぎた枝を剪定するなどといった形で管理を続けています。初めてここに訪れた人が次のように言っていました。

「周りに住む人たちは幸せですね。お天気のよい日、家のすぐ横でピクニック気分が味わえるのですから。うらやましい！」

（2）　本社：〒343−0845　埼玉県越谷市南越谷1−21−2　TEL：0120−988−804

溜ノ上の森

「関さんの森」から北へ五分ほど歩いた所に雑木林「溜ノ上の森」があります。約〇・五ヘクタールのこの林も、手入れが行き届かずに荒れた状態となっていました。この森を市民に開放できる明るい森にするという、とてつもなく困難な計画（姉の美智子の願い）を最初に聞き届けてくれたのは田中利勝さん（自然通信社）でした。

田中さんは一九八八年二月からほぼ一年をかけて、アズマネザサを地中で切り、シロダモを伐採し、モウソウチクを駆除していきました。これはすごい重労働です。一年が過ぎると、「少しずつ明るい森になるにつれ、樹木の喜び、枝を広げるさまが見え、疲れも忘れる思いであった」と田中さんは述懐しています（「育む会」二〇周年記念誌参照）。その後、坂本さんたちも作業をともにするようなりました。

二〇〇一年六月から「育む会」のメンバーがこの森の樹木調査をはじめたのですが、それが報われたのか、同年一〇月、松戸市の「特別保全樹林地区」に指定されました。そして、二〇〇三年一月一二日、この「溜ノ上の森」のオープン記念イベントが開催されたほか、都市緑化基金の支援を受けたことで整備計画が立てられ、植樹祭も行われました。

「溜ノ上の森」の保全活動は、二〇〇五年から渋谷孝子さんと田中玉枝さんを中心とした「溜ノ上レディーズ」が担っています。「溜ノ上」というのは地名なのですが、当初、保全活動に着手したのがほとんど女性だったためにこのグループ名が付けられました。現在は、保全活動に熟達した男性会員も加わり、枝落としなどといった専門的かつ危険な作業を行っています。

整備されたことによって、「溜ノ上の森」はたいそう気持ちのよい雑木林となりました。林の中に入ると散歩道が続き、思わず深呼吸がしたくなるような明るい林となっています。決して広くはない森ですが、中央部分に立つと森林気分が味わえるほどさまざまな樹木があり、四季を感じることができるのです。

この森は周囲四方が住宅地に囲まれているので、グループのメンバーは隣接住民にことのほか注意を払っています。事実、二〇〇二年一〇月に発生した台風により、樹木の枝が隣接する住宅のベランダに落下するという被害が出たこともあります。周りの

「溜ノ上の森レディース」によるビオネストづくり（2019年３月８日）

方々とよい関係を築くために、グループでは会報「溜ノ上の森だより」（渋谷孝子さん編集）を配るなどして四季折々の自然風景と活動を伝えるほか、タケノコのシーズンには掘ったものを近くの住民の方々に配ったりもしています。

果樹園の整備──「梅組」の誕生

屋敷林の整備が順調に進んでいった二〇〇七年、果樹園（梅林）の整備と剪定（せんてい）を行うグループが「育む会」のなかに誕生しました。その名も「梅組」です。近くに住む髙橋英吉（千葉大学名誉教授）さんが剪定方法を指導してくれました。

この梅林は、植物好きで花を愛したもう一人の姉、故関睦美の名前をとって付けられた「むつみ梅林」という名称で親しまれています。彼女は菊づくりに長けた華道師範で、自然との付き合いから生まれる芸術を愛していました。また、料理上手のうえに趣味も多様で（たとえば、音楽ならクラシックから演歌まで）、話題も豊富でした。母の死後は近所づきあいを担っていたので彼女を知る人は多く、みんな睦美については、「にこやかな笑みをたやさない穏やかで、慎ましい人だった」と口をそろえて言います。妹の私が言うのもいささか気が引けますが、彼女は謙虚で、芳しい梅の園の名称に似つかわしい人でした。

「むつみ梅林」で収穫される梅は、生のまま、あるいは梅干としてフリーマーケットなどで販売されています。二〇一九年に開催した「春のフリーマーケット」（四月二一日・日曜日）では、「育む会」が里山の季節の恵みであるタケノコやフキとともに出品し、またたく間に完売となりました。実は、これらの売り上げ金が「育む会」の運営資金ともなっています。「育む会」のメンバーはボランティアとして活動していますが、やはり何かイベントを開催するとなるとお金がかかります。そのための資金として「むつみ梅林」はひと役買っているのです。

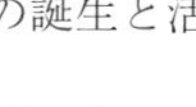

「育む会」にはどのような人が参加しているのか

自然保護のための市民グループですから、言うまでもなく、メンバーはみんな自然が大好きな人たちです。樹木がとても好きという人もおれば、昆虫に夢中という人もいます。なかには、チョウマニアといったようにある種の生きものに特別思い入れがある人や、とんでもなく動植物に詳しい人がいます。そういえば、「虫博士」の異名をとった子どももいました。

現役の人もいれば退職者もいます。また、職業もさまざまです。省庁の重要なポストにいた人や自営業者、教員や多様な職種のサラリーマン、そして市会議員の経験者がいるかと思えば専業主婦もいます。もちろん、年齢も多様です。このように、さまざまな人が集まっているグループは、現代社会においては稀（まれ）と言えるのではないでしょうか。

メンバーのそれぞれが、経験に裏打ちされた知識や能力、磨かれた技と感性をもっています。パーソナリティーが多様なことはもちろんで、それぞれが個性的なのです。この多様性は、何ものにも代え難い宝とも言えます。

「育む会」の保全活動が円滑に進むのも、環境学習においてさまざまなプログラムが開発されていくのも、また多くの課題が創造的に解決されていくのも、多様な人びとが参加しているからです。極端に言えば、「これ、なんとかならないかしら？」と困ったとき、なんとかできる人が揃っているということです。のちに述べることになる、森の生き物たちの生死を分けた環境保護運動の際には、これらメンバーの多様性にかけがえのない意味があることが立証されました。

予告編として述べておきますと、環境保護運動は行政権力との闘いでした。闘いはないに越したことはありませんが、自然破壊が行政によって執行されようとしたとき、これらのメンバーが立ち上がったのです。あるときは熱く、あるときはクールに、総じてスマートに闘いを展開していきました。

行政側は勤務時間内に攻めてきますから、それに対応できるのは専業主婦や退職した年配の人たちとなります。彼／彼女たちが果敢に権力に立ち向かい、民主的で平和な解決を求めたのです。市民運動にとっては、退職者や専業主婦が紛れもなく重要な存在となるのです。この闘いの詳細、もう少しあとで詳しく書くことにします。

森とともに生きることを楽しむ

「関さんの森」が誕生し、「育む会」が活動しはじめたころは都市化が進み、大人の憩いの場も子どもたちの遊び場も減少の一途を辿っていた時期です。自然破壊を憂慮し、環境教育の必要性を指摘する声が徐々に大きくなっていました。

「幸谷ビオトープ」のところで紹介した高校教師の山田純稔さんは、「育む会」の設立時から中心となって活動を続けている人ですが、その山田さんが「育む会」の活動を、「学ぶ」、「楽しむ」、「癒す」、「表現する」、「支える」という五つに分類しています。

これまで示してきたのは、森を「支える」活動です。里山保全活動は達成感が大きく、汗をかきながら自然との爽やかな一体感を味わいます。と同時に、仲間と一緒に活動することが楽しいものですから、汗をかいた作業後の食事や飲み物もとびきり美味しく感じます。アウトドアでちょっと一杯やりながら、という会話は大いに弾むものです。同じような活動をされている方であればお分かりでしょう。「育む会」のメンバーは、保全活動ばかりでなく、木々とともに生きることをさまざまに楽しみ、その楽しさを広める企画に乗り出しました。以下では、この五つの分類のなかから「楽しむ」と「癒す」活動について、その一部を紹介していくことにします。

「みどりと生きるまちづくりフェスタ」から「花まつり」へ

緑と生きることの楽しさを多くの人びとに実感してほしいと願っている「育む会」のメンバーは、緑と共生するまちづくりを目指して「みどりと生きるまちづくりフェスタ」という企画に取り組むことにしました。話し合いと打ち合わせという機会を何回もったか分かりません。真剣なのですが、笑い声の絶えない話し合いが重ねられ、入念な準備が進められた結果、二〇〇八年三月三〇日、第一回の開催にこぎ着けました。

開催場所となったのは、今は道路となっている「こどもの広場」です。広い場所でしたので、さまざまなプログラムを実施することができました。クラフトを楽しむグループや地元を知るための歴史講座、さらには仮設舞台を造って、「東葛合唱団はるかぜ」によるミニ・コンサートまで行っています。

ちなみに、「東葛合唱団はるかぜ」の団員は、二〇一一年の原発事故以後、南相馬市を何度も訪問するという支援を続けてきました。それが縁となって南相馬市の人びとが「はるかぜ」のコンサートに参加することになり、二〇一五年六月六日、松戸市を訪問されています。その際、南相馬市のみなさんが「関さんの森」にも立ち寄り、交流が実現しました。

フェスタで演奏する黒坂氏

緑のもとで繰り広げられた歌と踊りによって、お互いに勇気づけあう交流となりました。

そういえば、コカリナ演奏で国際的に有名な黒坂黒太郎氏[3]も「第一回　みどりと生きるまちづくりフェスタ」に駆けつけてくれました。これが縁になって、「関さんの森コカリナ隊」も生まれています。「関さんの森」にある木でコカリナを製作し、地元に住むコカリナ演奏家のもとでレッスンを受けています。「関さんの森コカリナ隊」は、今や「関さんの森」でのイベントには欠かせない存在となっています。フェ

（3）　一九四九年、長野県上田市生まれ。大学卒業と同時に作詞、作曲、フォークシンガーの道に入る。民俗学者である故宮本常一氏の激励を受け、全国各地を歩き、地球環境や生活をテーマにした歌を歌い続けている。

関さんの森コカリナ隊

スタは、誰もが参加できる開かれたイベントとなりました。

フェスタのお昼は「森のごちそうタイム」です。手づくりバウムクーヘンが、なんと言っても人気を呼びました。そのほか、料理上手のメンバーが腕をふるって豚汁などを振る舞いました。二〇〇六年から「関さんの森」では農園活動がはじまっていましたので、収穫された野菜も食材となっています。参加者は、食を通じて自然との共生を楽しんだのです。そういえば、野草の天ぷらも人気でしたが、二〇一一年の福島原発事故後はやめていました。野草を検査に出し、完全に安全であることが確認できましたので二〇一七年に再開しています。

原発事故以後、自然の恵みはすべて放射線量を計測してからでなければ使えません。現在、タケノコやフキ、梅などはまったく問題がありませんが、事故以前から積んであった薪はすべて使えなくなってしまいました。

このフェスタは第三回まで続きましたが、先にも少し述べたように、道路の開通によって「こどもの広場」がなくなってしまったので会場を「関家の庭」に移して、現在は「花まつり」という名称のもと規模を縮小して実施されています。桜の花吹雪のもとで開催されるコンサートは胸にほのぼのと染みてきます。澄んだ歌声とコカリナに耳を傾けながら見上げれば、ハラハラと風に舞う花びらがちょっぴり霞みのかかった暖かな青空に映え、その美しさに涙が出そうになります。

ソーメン流し

　夏、最大の人気イベントといえばソーメン流しです。「育む会」が生まれた翌年の一九九七年から毎年開催されています。竹林から太い竹を切り出し、それを裂いて節を取り、なんと四〜五メートルもの長い樋(とい)をつくります。メンバーによるソーメン流しの準備作業がはじまりました。

　そして当日、参加者は自然観察会を楽しんだあと、竹で汁椀と箸を自分でつくります。もちろん、怪我をしないようにメンバーが指導をしています。薬味は、庭でとれたミョウガや会員がつくったトウガラシなどで、どれも新鮮そのものです。

　イベントはすべてアウトドアで行うため、ソーメンを茹でる作業は、木陰でやっているとはいえみんな汗だくです。でも、大喜びする子どもたちの笑顔と弾む声がすぐ横で聞こえ、裏方をしているメンバーの顔には笑みがこぼれています。最近は、高校生や大学生もボランティアとしてイベントを支えてくれることがあり、世代間の広がりを十分に感じています。

ソーメン流し（2018年7月15日）

その他のイベント――お花見、夕涼みの会、映画会、権現様

　春の楽しいイベントといえばお花見です。「一〇〇年桜」をみんなで観賞します。私の母もじが生まれた一九〇五年に記念樹として植えられた、見事な枝振りのソメイヨシノです。となると、樹齢一一〇年を超えていることになります。

　母は大切に桜を養生していましたが、今は有名な造園業者（のちに登場する株式会社富士植木）が老木を手当てし、護ってくれています。「関さんの森」では、早咲きの「河津桜」からトリを飾る「思川（おもいがわ）」まで、一〇種を超えるサクラが順番に開花し、早春を彩っています。

「関さんの森」の一角に小さな築山があり、ソメイヨシノ、八重桜、思川に囲まれています。その上に熊野権現の祠が祀られているのですが、「おくまんさま」と呼ばれて親しまれてきました。かつては、地域の人びとが風邪にかかったとき、快癒（かいゆ）を願ってお参りしたと伝えられています。そして、願いがかなえばサンショウの苗を植えたと聞きます。そのため、築山の周りには何本ものサンショウの木が育っていました。祠は、松戸市の保護樹木に指定されているキリシマツツジの大木に守られるように立っているので、春には築山ごと鮮やかな赤に染まります。

　ここで、大事なことを言い添えたいと思います。この権現様の周りにはカントウタンポポが生えているのです。今や見かけるタンポポのほとんどが外来種のセイヨウタンポポになってしまいましたが、ここには、在来種のカントウタンポポが生息しているのです。減少傾向にある在来種

のなかでもカントウタンポポはその傾向が著しく、山田純稔さんが言うには、「カントウタンポポが生えているところは、昔からの自然が残っているところだけで、松戸では非常に珍しい」[「関さんの森を育む会会報」No.28]とのことです。ぜひとも、カントウタンポポが生き延びる生態系を守りたいものです。

イベントの話に戻りますが、夏には「夕涼みの会」も開催しています。「育む会」のメンバーを対象にした夏の「お疲れさま会」です。夕方に集合して、まず「関さんの森」の保全活動を行い、それから夕涼み会がスタートします。ハイライトとなるのは、開花したカラスウリの観賞です。カラスウリは、夜に開花して、翌朝には萎むという一日花です。花弁の縁が糸状に伸び、複雑なレースのコースターのごとく可憐な姿を見せてくれます。この「夕涼みの会」、一夜かぎりの「美の世界」の観賞となっています。

同じ夏の夜、野外で映画会も開催してきました。これは、ほかの団体がイベントを開催するために場所を提供し、「育む会」のメンバーとともに楽しむといったものでした。メンバーが竹でランタ

熊野権現の祠

ンをつくり、上映会場までの約一〇メートルの道脇に並べていきます。なにやら高級旅館の廊下を歩くようで、ほのぼのとした奥ゆかしさが漂っていました。

同じようにほかの団体に場所を貸して、一緒に楽しむというプログラムもありました。昔話の「読み聞かせの会」です。アオバズクの鳴き声を聞きながら「語り」を観賞しました。そのほか、「関家の庭」（五八ページ参照）がデイ・サービスのために提供され、演奏会に行きづらい年配者のためにミュージシャンがコンサートを開いていました。言ってみれば「出前コンサート」で、花々に囲まれた仮設のコンサート会場は青空天井、そよ風がかぐわしく観客の間を通り抜けていきました。このようなイベントを開催しているからでしょう、「関家の庭」は年配者や障がい者の癒しの場ともなってきました。

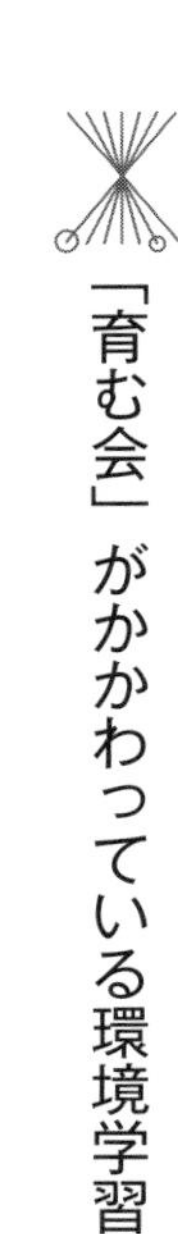

「育む会」がかかわっている環境学習

環境学習プログラムの開発

「育む会」は、環境教育と学習にも創造的に取り組んできました。保育園児から大人まで、多様な学習者に合わせて数々の環境学習プログラムを開発しています。「育む会」が学習プログラムを開発する場合もあれば、自然観察を指導あるいは援助する場合もあります。もちろん、学習プ

表　学習プログラム「タンポポを探そう」

・タンポポのスケッチ	・日当たりとタンポポ
・花の構造の観察	・タンポポと昆虫
・花あそび	・外来種と在来種
・タンポポを食べよう	・外来種の戦略
・開花から結実まで	・在来種の生き方

ログラムを学校の先生たちと共同開発することもあります。

蓄積されたプログラムのなかから一つ紹介しておきましょう。題して「タンポポを探そう」です。先にも述べましたように、外来種のセイヨウタンポポによって駆逐されかけている在来種のカントウタンポポが、なんと「関さんの森」に自生しているのです。この現状にヒントを得て、元生物教師である山田純稔さん（六五ページ参照）が学習プログラムをつくりました。そのポイントだけを挙げると、上記の表のようになります。カントウタンポポを題材にするだけで、このように驚くほど広くて深い学習プログラムが組み立てられるのです。しかも、支援者によって学習者の注意が集中し、想像力が湧き上がることで関心が広がり、学習者は総合的な認識を深めると同時に広げていくことができるのです。みなさんも、日常生活のなかで見かける光景にちょっと立ち止まって意識を集中してみてください。忘れかけている自然に対する知識や興味が湧いてくるかもしれません。

見学や体験学習のために「関さんの森」を訪れる人びとの年齢層

は幅広く、就学前児童から大人（専門家）にまで及びます。一九九六年四月から二〇〇八年六月までに「関さんの森」を訪問し、活用した団体を数えると、小学校が九校（述べ回数は一二三回）、中学校が三校（九回）、高等学校が一校（九回）、大学が六校（一一回）、その他の学校は四校（一二回）、そして市民団体が四五団体で七九回となっています。二〇〇八年七月に「関さんの森エコミュージアム」（のちに詳述）が発足しているのですが、以上の統計データはこのエコミュージアム発足までのものです。その後は、訪問者と活用者の数がさらに多くなりました。

訪れる人の年齢も多様なら、その学習目的や目標もいろいろです。「育む会」では、年齢と学習目標といった二つの多様性にこたえようと、さまざまな環境学習プログラムを開発してきたわけです。もちろん、メンバーの役割も場合に応じて変わることになります。企画者であることもあれば、講師であったり、支援者に徹したり、準備の手伝いであったりと、いろいろな役割をこなすためにメンバー間で協力しあいながら連携をとっています。それでは、「育む会」がかかわった環境学習について、少し具体的に紹介していきましょう。

砂原保育園と幸谷小学校

東京都葛飾区西亀有にある砂原保育園は、考え抜かれた創造的な教育方針をもっていて、通年のプログラムに基づいて体験学習を行っています。子どもたちが月に一回の割合で「関さんの森」

にやって来て、四季の変化を感じながら楽しんでいます。これが、この保育園の教育目標になっているのです。

子どもたちは昆虫などの生きものたちに興味津々で、自然環境に溶け込んでとても楽しそうです。その表情は豊かで輝いており、それが引率する先生やサポートする「育む会」のメンバーに反映しているのか、大人たちもにこやかな表情で見守っています。私たち姉妹も、月に一回、子どもたちの声を聞くことが楽しみになってしまいました。

関家の近所には幸谷小学校があります。この学校の校章は、「関さんの森」にあるシンボルツリー「ケンポナシ」の葉をかたどったものとなっています。このようなご縁もあり、自然体験や環境学習のために、クラス単位あるいは学年単位で森にやって来ます。最近の事例では、有名な環境学習プログラム「ラーニング・ツリー」に似た体験学習に取り組み、森の木に名札を付けてくれました。この名札が見学者や散策者に評判がいいようで、社会貢献をした子どもたちのモチベーションをさらに高めています。そういえば、「育む

話を聞く砂原保育園の園児

幸谷小学校の環境学習

会」の会員として活躍する草野幸子さんは、かつて幸谷小学校の教員でした。

そのほか、馬橋北小学校（松戸市）などの生徒たちも自然体験学習のために「関さんの森」を訪れています。この小学校の二年生は、生活科の授業として森での体験学習に取り組み、その学習成果を大きな版画で表現しました。地域の専門家（表具師など）の協力を得て、生徒たちのつくった巨大版画は「関さんの森二〇〇九年」と名付けられ、とても立派な屏風になっています（viiiページの写真参照）。

幅六メートル、高さ一・三メートル、版画六枚からなる屏風には、前述したように森の生物多様性が見事に描かれ、子どもたちも森の生きものの仲間として登場しています。体験学習の様子を一つの版画に仕上げるという教師（川井田光枝さん）と生徒たちの構想力、想像力、創造力には本当に感心させられます。この版画づくりは、新聞やテレビでも紹介されました。朝日新聞（二〇一一年七月一八日）は、次のように伝えています。


生徒たちが版画をプレゼントしたら、姉の美智子が、「みなさんが森の生き物たちと心が通じ合って、一緒に作ってくれた。宝物として、いつまでもここにあることをお約束します」と感謝を述べたと。

以上は小学生のフォーマル教育の例ですが、小学生用のノンフォーマル教育としては、「子ども樹木博士」や「里山わくわく探検隊」などといったプログラムを実施しています。「子ども樹木博士」という言葉を聞いたことがありますか？　念のため、ほんの少しだけ説明します。

樹木は、それぞれ葉や枝、そして幹などの色も形も感触も違います。もちろん、香りも異なります。しかし、普段はじっくりと樹木の特徴を観察するということはほとんどないでしょう。そこで、「子ども樹木博士」のプロジェクトでは、子どもたちが樹木をさまざまな視点から観察し、名前や特徴を学ぶことになります。そして最後に、子どもたちの学習成果を確認します。参加者一人ひとりに実際の枝などを見せて樹木名を答えてもらい、その正解率を評価して認定証を手渡しています。顕微鏡や図鑑などを用い、かなり専門的な学習も行います。知識も増えますが、何よりも本物の自然に接し、親しみ、学ぶことで、樹木がずっと身近になること請け合いです。

二〇一〇年の「わくわく探検隊」には九三名が森に集合し、三グループに分かれて六ポイントを回りました。参加者のうち、四一名が小学生を中心とした子どもたちでした。ポイントごとにテーマがあります。たとえば「カヤの実」をテーマにしたポイントでは、実を拾ってアク抜きの方法を学びます。「ミクロウォッチング」では「ひっつき虫（動物に付着して運ばれるタネ）」がテーマとなっており、顕微鏡を使ってどのようにひっつくかを調べます。そして、「タネの旅立ち」では飛ぶタネの学習です。イヌシデの木の下でタネを探して、落下実験を行うのです。

このように変化に富んだ学習体験ですから、次々と好奇心が喚起され、子どもたちは遊び感覚で自然を学んでいくことになります。「えっ、どうして?」とか「ふしぎ?」といったようなさまざまな声が森の中に響きわたり、一つ分かると「やった!」とますます楽しくなって、もっと知りたくなるのです。

高校や大学なども活用

「関さんの森」は、千葉県立小金高校（松戸市）における環境学の授業でも利用されました。小金高校に山田純稔さんや川北裕之さんが生物教師として勤務していたときには、高校生たちの研究活動の場として「関さんの森」が使われました。また、山田純稔さんが講師を務め、東葛看護専門学校（流山市）の学生たちが「〝いのち〟を学ぶ」という実習の場としても二〇〇〇年から二〇一一年まで活用し、一一年間、里山保全活動に汗を流しました。

さらに、千葉大学の教育プログラムと連携して、大学生を対象とした学習支援も行ってきました。千葉大学園芸学部の「フィールド・コラボレーション」で、学生が地域の社会活動団体から体験先を選び、一年間にわたって活動をともにしたのです。

「育む会」に参加する大学生も一緒に定例会の活動に取り組み、そのうえで一年にわたる参加体験の成果を発表するのです。「育む会」のメンバーは、大学生の発想や計画案を尊重し、相談に乗ったり、アドバイスをしたりとサポートに徹しました。定例会では、大学生が企画したイベント（子どもたちを集めての環境学習プログラムなど）を実施したのですが、「育む会」のメンバーは裏方としてこのイベントを支えました。

一年間の仕上げは、大学で実施される学生による成果のプレゼンテーションです。一般公開の発表会形式で行われるので、「育む会」のメンバーも数人、成果発表を聞きに行きました。応援の気持ちを込めて、ちょっとドキドキしながらプレゼンに耳を傾けました。首尾よく報告が終わると、学生と同じくほっとしました。

成人学習や生涯学習

大人を対象にした学習・研究プログラムもいくつか紹介しましょう。

「育む会」による自然観察会は定期的に行われているのですが、毎回、多くの市民たちが参加しています。参加者が一〇〇名を超えることもあり、メンバーの手が回らず、うれしい悲鳴を上げるといったことがこれまでに何度もあります。この自然観察会は、指導員の資格をもつメンバーが中心となって行っているもので、実施時期に見合ったプログラムを作成し、段取りと会員の連携をしっかり確認したうえで参加者の自然観察を指導しています。

また、松戸市内のいくつもの里山が一斉に公開されるときもあります。「オープンフォレスト」

と呼ばれているこのイベントは、ほぼ一週間にわたって、「関さんの森」をはじめとして里山ボランティアが活動する主な民有林が一般に公開されるのです。「関さんの森」の屋敷林は常に公開されていますが、日頃入れない民有林（里山）も多く、この一週間だけはいろいろな森に入ってその感触を楽しみ、森林浴もできるというイベントになっています。一週間ずっと開放する森もあれば、日数限定の里山もあります。開放するだけでなく、ブランコやハンモックなどといった森ならではの遊びを準備するなど、工夫をこらしている森もあります。

どのくらいの民有林が参加するかと言えば、二〇一九年を例にとると、四地区一九か所となっています。そのなかから二地区を紹介しましょう。幸谷・根木内地区では、関さんの森、溜ノ上の森、根木内歴史公園の三か所、八ヶ崎・金ケ作地区では、八ヶ崎の森、ホダシの森、囲いやまの森、三吉の森、立切の森、そして金ケ作野中の森です。オープンフォレスト実行委員会(4)が地図と写真の掲載されたパンフレットを作成して、森めぐりツアーを企画するなど森の散策と自然観察の便宜を図っています。

「関さんの森」は、いささか専門的な成人学習の場ともなっています。松戸市が主催している講座で「里山ボランティア入門講座」というものがありますが、「育む会」は二〇〇三年から毎年この講座開催に協力してきました。また、埼玉県生態系保護協会が行う専門的な「環境カレッジ」でも「関さんの森」でよく開催されています。さらに二〇〇七年には、ちば生物多様性県民会議である「都市緑地と生物多様性」戦略グループ会議がこの森でもたれました。そして、二〇一八年三月には、文化財保存全国協議会関東委員会と小金の緑と文化財を守る会の共催で、「自然と史跡保存を考える会」のフィールドワークが開催されました。

このように、「関さんの森」と「育む会」の活動と運営の特徴として、外部団体との多様な連携と協力が挙げられます。いずれの場合も、「育む会」の責任者である武笠紀子さんやエコミュージアムの責任者である木下紀喜さん、姉の美智子、会員の田中玉枝さん、草野幸子さん、伊勢しづ子さんや黒岩晶さんなどが中心になって、学習が滞りなく実施されるようにサポートしています。

（４）松戸市役所街づくり部みどりと花の課。住所：千葉県松戸市根本３８７番地の５　新館８階　電話：047－366－7378　FAX：047－368－9595

オープンフォレストの様子（2012年５月13日）

裏方さんの活躍

子どもたちや学生たちが楽しく学べるようにするためには、当然、入念な準備が必要となります。舞台の演出とでも言えばいいのでしょうか、「仕掛け」がものをいうのです。この「仕掛けづくり」といった工夫によって、学習者や訪問者の楽しさが倍増し、達成感が心地よく残り、何よりも自然が好きになるのです。その一例として、子どもたちが大好きなカヤの実が入ったパンづくりを紹介しましょう。

「関さんの森」にはカヤの木がありますから、パンづくりの準備はその実を集めることからはじまります。集めるだけではなく、カヤの実はわら灰で灰汁（あく）抜きをしなければなりません。また、手づくりパンを焼くためには、事前に数多くの竹串をつくっておく必要がありますし、大量のパン生地もつくって寝かしておき、カヤの実を炒ってちょうどいい大きさに砕いておく必要もあります。こうした準備を、毎回、杉田晴江さんや伊勢しづ子さんが中心となって会員が分担して行っています。

当日、アウトドアの活動ですから火をおこす必要があります。最近は火をおこしたという経験のない人が圧倒的に多いので、これをするのがなかなか難しいのです。作業班を中心に、手早くドラム缶を利用してつくった竈(かまど)で火をおこし、薪をくべて置火の準備をします。こうしておくと、竹串に巻かれたクロワッサン状のパン生地が、ゆっくりとおいしそうに焼けるのです。

このような作業を「育む会」のメンバーが行い、来訪者の学びや活動をサポートします。とくに都会に住む人びとは、自然環境に身を置いただけでは何をしたらいいのか分からないものです。自然を知るためには、また楽しむためには、このような仕掛けが必要なのです。

参加者は、カヤの実入りのパン生地を竹串に巻きつけ、自分でゆっくりとパンを焼きます。焦げないように串を回しながら、置火にかざすのです。置火の周りに集まっておしゃべりをし、出来具合を見比べたりしながら焼きあがるのを待ちます。これがまた楽しいのです。ほんのりとカヤの香りがする熱々のパンは、自分でつくったからでしょう、このうえなく美味しいのです。

一方、自然観察会などが開催される前には、指導員の資格をもっているメンバーが中心となって丁寧にコースの下見をし、観察ポイントなどについて協議します。もちろん、当日に配布する資料もしっかりと準備することになります。

毎月のように「関さんの森」を訪れている砂原保育園（八六ページ参照）の場合は、体験学習コースの修了日に、「育む会」が修了書の代わりとして木の実などの自然の恵みを材料にしたブローチ（田中玉枝さんの手づくり）などをプレゼントしています。逆に園児たちも、ボランティアのみなさんに手づくりポーチなどを手渡しています。二〇一七年の園児からのプレゼントは布製のバックでした。それぞれ絵柄が異なっていましたが、子どもたちはうれしそうに自分が描いた部分をボランティアのみなさんに説明していました。例年、修了式は梅の花の下で行われますが、双方にとって忘れ難い思い出になっていることでしょう。

現在、「育む会」は定例会議を月に二回開催し、年間計画やイベントなど、会がかかわるあらゆる活動について意見交換をしたうえで決定してきました。また、活動や行事のあとでは反省会も開いており、修正点や工夫すべきことなどを率直に述べ合っています。

大人を対象にした学習会の開催において、忘れてはならないことがあります。のちに述べる里山の危機に直面してからは、学習会を連続して開催しました。もちろん、この問題を公共的な協議の場に乗せることを目的としたもので、二〇〇八年にはシンポジウムやフォーラムなどといった形で学習会が続きました。驚くことに、そのどれもが多数の参加者を集め、内容も充実していて大成功を遂げています。立て続けに行った企画がすべて成功するなんて、奇跡としか言いようがありません。それを可能にしたのが、「シンポの達人」木下紀喜さんでした（第５章参照）。

実は、「育む会」にはさまざまな達人がいます。以下では、「編集の達人」を紹介していくことにします。

情報発信

会報

「育む会」では毎年会報をつくって、会員や関係者、協力者に配っています。会報には年間の活動が一月から順番に記述されており、活動件数の多さとその多様さが一目で分かるようになっています。この会報の評判がとてもいいのです。

Ａ４版で二四～三〇ページほどのものですが、活動内容が詳しく綴られていることもあって記録としても見事なものとなっています。二〇一九年一月発行で第三九号になりました。最近は年に一回の発行になっていますが、「育む会」が誕生してから二三年になりますから、かつては一年に複数回発行し、緊急課題にこたえたときもありました。つくっているのは「編集の達人」山田純稔さんです。

―フクロウの森を守ろう―

『関さんの森を育む会』会報

第39号　2019年1月1日発行

門・蔵と所蔵品の公開に向けて思うこと

めまぐるしく変わる都市の中で200年以上も変わらない風景を残すための活動をはじめて22年になります。樹齢100年、200年を超える樹々、草、虫、鳥、小動物等、様々な生きものにとってのオアシス、誰にとってもほっとできる真の共生の場を私たちは目指しています。

自然ばかりではありません。2016年に、江戸時代から明治初期に建てられた門や蔵(3棟)を保全・活用するというプロジェクトを立ち上げました。それが門と蔵再生事業です。このプロジェクトが可能になったのは、ひとえに千葉県建築士会の経済面と技術面の両方の、並々ならぬご支援のおかげです。心より深謝いたしております。

この3年間(2016-2018)丸山先生、建築士の方々のご指導のもと、多くの会員の皆さんが、門や蔵の構造を調べたり、測量をしたり、模型まで作るほどの熱心さで取り組みました。

長い間見向きもされなかった建物やほこりをかぶって眠っていた農機具や生活用品等が目覚め、生命を蘇らせました。こんなうれしいことはありません。

私たちは昔の人たちの想い、建物やものの想いをよく味わい、次の世代に伝えていく役割があります。これが、途絶えることのない生命の輪だと思います。この生命の輪を拡げるために、門と蔵再生事業の第二段階として、一般の人たちにも昔のものとの交流を深めていただくために、昔の人とものとのかかわりを感じ取っていただくために、蔵と蔵の中にあった生活物資や農機具などを公開する方針を検討しています。

人とものとのあたたかなふれあいを容易にするには、何を、どこに、展示するか？　照明は？　メンテナンスは？　保険は？　イベントは？　検討課題は山積みです。関心のある方はぜひご参加ください。

都市のなかのわずか2ヘクタールの里山で、草や木や虫や鳥さらには小動物、微生物まで、すべての生きもののみならず、昔の人たちの想いや建物やものの心等、すべての生命が、分断でなく、温かくつながり合って、途絶えることなく永遠に続くことを望みます。

それを可能にするのは、すべての生命に対する人々の愛情であると確信します。

（関 美智子）

もくじ

― 1 ―

「関さんの森を育む会」の会報

掲載されている原稿は、約一〇～一五名のメンバーが執筆しています。行事や活動ごとに、リーダーシップをとった人が中心になって書いています。会報の構成、章立て、執筆者の割り当て、ページ数などは山田編集長が会議に諮って決定しています。ちなみに写真は、メンバーが撮影したものから編集長が選び、割り付けを行っています。

編集作業が終了すると、今度は印刷です。安く大量にコピーできるところを探してプリントし、大量のコピーを「育む会」の活動オフィスとなっている「森のサロン」に運び込みます。そして、定例会あるいは新年会の前に出席者全員で冊子につくりあげていくのです。つまり、すべてが手づくりで、内容豊かな「育む会」の歴史が冊子になっていきます。

関さんの森ニュース

もう一つの発信媒体、それが「関さんの森ニュース」です。Ａ４版の紙に両面印刷されています。ほぼ三か月に一回と、発行回数が多いことが特徴となっています。このニュースを執筆・編集しているのは、定例会議の司会者でもあり、「関さんの森」の現状を総合的に把握している川上将夫さんです。表面には活動成果や重大イシュー（論点）が掲げられており、ヘッドラインが目を引くレイアウトになっています。一方、裏面には、今後の活動計画やイベントなどのお知らせが掲載されています。

「関さんの森ニュース」は、「関さんの森」の入り口に設置されているボックスから誰でも自由に取り出すことができます。また、「育む会」が外部の行事に参加する場合は、活動の説明資料としても大いに役立っています。言ってみれば、「育む会」の広報という役割を担っているのです。

関さんの森ニュース
関さんの森は松戸市幸谷に広がる里山
2017年10月15日
～　古文書の会報告会、Let's 体験・竹林整備　～

お誘い

①　関さんの森古文書の会　第2回報告会　11月5日（日）13：30
「殿様が三人いた村」（渡辺尚志著）出版記念
～江戸時代の幸谷村のくらしと文化～
日時　2017年11月5日(日曜日）13:30～16:40　開場13時
会場　松戸市幸谷　幸谷ふれあいホール　JR新松戸駅東側徒歩3分

特別講演　講師：渡辺尚志氏（一橋大学大学院教授）
演題：葛飾郡幸谷村と関家の江戸時代
幸谷村に関する報告
・幸谷村いろいろ　・幸谷村五人組帳の掟と村のくらし
・幸谷村（曲淵氏領）の年貢　・御鹿狩などに見る村の負担

定員　ホール60名　当日先着受付順
参加費　資料代300円（著書お買い上げの方は無料）
主催　関さんの森エコミュージアム
お問合せ　☎090-9156-4960　木下

活動の報告（秋）

②　保育園児が関さんの森を訪問　9月14日（木）
自然体験のため毎月1回、葛飾区内から電車で関さんの森に通っている砂原保育園の園児が、9月の森にやって来ました。はじめに関さんから、いま屋敷や森で実っている柿や栗の木の枝を見せながら、実り豊かな秋の説明がありました。
その後園児は、スタッフの案内でコスモスやヒガンバナの咲く屋敷内を探検しました。
早生の甘柿を見つけた園児たちは、採ってもらった実を楽しそうに味わっていました。

関美智子さんから
"これは柿の木の葉っぱです"

採れたての柿を食べる園児たち

（裏面につづく）

「関さんの森ニュース」

インターネットの活用

ネットを活用しての発信が「育む会」の課題となっていました。現在は、山田純稔さんがブログ「関さんの森エコミュージアム（www.seki-mori.com/）」を開設し、写真とともに活動報告をネット上で行っています。通常、活動に参加したメンバーが写真とコメントを山田さんに送り、それを編集したうえでブログにアップしています。ご覧になっていただけると分かりますが、四季折々の森の姿、さまざまな活動の模様など、見る人を飽きさせませんのでぜひ覗いてみてください。

ネット上には、プロのフォトグラファーである大北寛氏の「写真展」もあります。大北氏は、外部者の目で「育む会」の活動を冷静に見つめてきました。その目の鋭さを表すかのような、「関さんの森」に関する記事と写真が掲載されています。とくに、You Tube の作品はプロの凄さがいかんなく発揮されており、誰が見ても感動的なものとなっています。その内容については、のちに詳述する道路問題のところで改めて触れることにします。

その他の情報発信――〈月刊新松戸〉

松戸市のタウン誌として、〈月刊新松戸〉（編集長：家田喜保子さん）という雑誌があります。その名前のとおり、主に新松戸に関する情報を毎月発信しているのですが、その内容がなんと言っても素晴らしい。単に催し物の案内に留まらず、生活全般に関して教養豊かな記事が掲載されています。有名作家のエッセーも載せられているのですが、これほどまでに見事なタウン誌を私はほかの地域で見たことがありません。

この雑誌で、二〇一二年四月から「関さんの蔵通信」という記事が連載されています。記事を書いているのは「古文書の会」の参加者で、執筆者は毎回異なります。木下紀喜さんが執筆した二〇一八年六月号で七五回目（「関家の道中記文書」）を迎えました。ちなみに、「関さんの蔵通信」は、関家にある蔵から見つかったたくさんの古文書について、市民に向けてその内容を説明したものとなっています。

関家がこの地を開拓して、二〇一五年で二三〇年が経ちました。この歴史を物語るすべての古文書が残っているわけではありませんが、「育む会」のメンバーの協力によって多くの古文書が発見されました。それらを読むことで、この地域の歴史が分かるのです。とはいえ、私も含めて一般の人が簡単に読めるものではありません。古文書にいち早く注目した木下紀喜さんと米田雅子（小学館古文書塾いろは講師）さんが研究会を構想し、田引勢郎さんの声かけで棚井行隆さんをはじめとする「くずし字」を読み解ける人たちが集まり、「古文書の会」が二〇〇八年一二月七日に生まれました。現在も、「育む会」のメンバーと地域の歴史に関心のある人たちが集って古文書を読み解いています。

とくに、一九八〇年代の高度成長期以降、多くの人びとは交通機関の利便性だけを考えて住む場所を決めているような感じがします。本書のテーマとなっている自然環境もそうですが、その地に伝わる歴史や風習・文化を知らない人が増えてきました。

〈月刊新松戸〉の表紙

それでは、以前から住んでいた人はどうかといえば、前述したように相続税に苦しみ、住み続けることができずに去っていった人も少なくありません。しかし、新松戸地区や幸谷地区、さらには小金地区などに新しく住むことになった人びとのなかにはこれらの土地の歴史に関心をもつ人が多く、そのことに気付いた〈月刊新松戸〉の編集長が「関さんの蔵通信」というコーナーを設けることにしたのです。

実は、第2章で紹介した渡辺尚志さんが「古文書の会」を指導してきました。「関さんの蔵通信」にも執筆者として登場していますが、「古文書の会」での調査・研究の成果が先に紹介した『殿様が三人いた村――葛飾郡幸谷村と関家の江戸時代』という本なのです（三五ページ参照）。

繰り返しになりますが、渡辺氏が著したこの本は、この地域の歴史を百姓の生きざまから描いたもので、暮らしぶり、人と人のつながり（領主と名主、名主と村人、村人と村人、隣村の村役や村人との関係など）などが分かりやすく述べられています。当時の村人の自治や相互扶助のありよう、組み立て方などは共同体の自律的な維持のために工夫されていて、実に知恵に富んでいたことが分かり驚かされます。学術書でもありますが、誰でも楽しく読める分かりやすさが人気を呼び、地域の書店で新書版ベストセラーの第一位に輝きました。しかも、長くベストテン内に留まっています。この事実からも、地域市民たちが居住地域の歴史や文化に大きい関心をもっていることが分かります。

ちょっと脱線してしまいました。話を〈月刊新松戸〉に戻します。このタウン誌は、ウェブ上において「別冊！月刊新松戸」を開設していました。二〇一四年から二〇一七年前半までですが、そこには「関さんの森の図鑑」というサイトがあり、会員の山田純稔さんが案内人となって、美しい写真とともに、楽しくも不思議な「森の生きもの」の世界について語られていました。

また、同サイトでは、木下紀喜さんが「森の会議室」の案内人となって、「育む会」や「エコミュージアム」（後述参照）の活動について、自然と人とのつながり、そして森を介して人と人とが紡ぐ生活世界という観点から同じく写真入りで紹介されていました。現在でもサイト自体は残っていますので、是非ご覧になってください。

ミュージカルとアカデミズム

『幸せ谷いのちの森物語』というミュージカルがあることをご存じでしょうか。前掲した「東葛合唱団はるかぜ」で指導している指揮者の安藤由布樹さんが作曲したもので、「育む会」の活動を描いたものです。「関さんの森」とその活動を深く理解されている安藤氏ならではの、自然への愛がしみじみと伝わってくる曲想となっています。

このミュージカルは、二〇〇九年に「森のホール21」(5)で二回公演されました。ともに満員御礼となり、大好評でした。ミュージカルのなかで歌われる曲のいくつかは、合唱団のもち歌としてコンサートでも披露されています。この合唱団の中心的メンバーであり、「育む会」のメンバーでもある太田幸子さんは、「育む会」のイベントのときには音楽担当を務め、企画・出演・司会の三役をこなすマルチ・アーティストです。

このように、さまざまな形で情報発信を行っている「育む会」ですが、メンバーの五人がアカデミズムの世界にも挑戦しています。川北裕之さんを中心とした五人が、二〇〇九年第二〇回日本環境教育学会の自主課題研究に取り組んだのです。そのテーマは「『関さんの森』の道路問題にみる運動と活動と一体化した大人の学びについて」で、森の生きもの、森の維持管理活動、森を楽しむ活動、エコミュージアムの創設、および社会教育の観点から運動と活動について考察しました。また、立教大学大学院に学んでいた社会人院生の醍醐ふみさんは、「育む会」に参加して「アクションリサーチ（action research）」の手法を三年間にわたって実施しました。阿部治立教大学教授の熱心な指導のもと、調査結果を修士論文としてまとめ、修士の学位を取得しています。

ミュージカル『幸せ谷いのちの森物語』（2009年５月16日）

アクションリサーチとは、ドイツの心理学者レヴィン（Kurt Zadek Lewin, 1890～1947）が提唱した調査・研究手法です。研究者が直接実践的課題に取り組み、問題を発見し、理解して、改善を図り、その改善過程を観察しながら再計画化を図るなど、社会活動で生じる問題を解決していきます。小集団に参加し、計画、実践、観察、振り返りの四段階を繰り返しますから、論文完成までには多くの時間とエネルギーが必要となります。しかし、醍醐さんは、いつも楽しげに活動に参加していました。そのため課題がよく見えたのでしょう、立派な修士論文を仕上げています。

ここで紹介したように、「育む会」の情報発信は多岐にわたっています。しかし、当事者である私たちは、正直なところ「まだ不十分である」と思っています。松戸市だけでなく、千葉県、関東地方、いや日本全国に伝えるべく日々の活動を行っています。その必要があることは、ここまでの記述だけでも十分にお分かりいただけたかと思います。とはいえ、さらに活動を広げていくには一つだけ問題があります。その問題とは……。

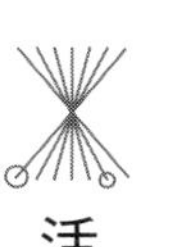

活動資金の調達――それが問題

環境保全関係の市民団体は、どこも苦しい台所事情に悩まされています。「育む会」も同じく

---

(5)　〒270－2252　千葉県松戸市千駄堀６４６の４　松戸市文化会館　TEL：047－384－5050

運営資金を得る方法が非常に乏しく、大きな財団などから助成金を受ける形で何とか活動を継続しています。助成金の申請をされた人ならお分かりでしょうが、それを獲得するには、申請書づくり、報告書の作成など、難しくて面倒な作業がどうしても必要となります。幸い、その方面に詳しい木下さんや武笠さんの努力で、ニッセイ緑の財団、高原環境財団、都市緑化基金、花王森作り事業などから助成金を得ることができたほか、千葉県の「生物多様性モデル事業補助金」も得ています。

活動資金を得るために、自然保護系の財団による助成金公募や企業の社会貢献としての助成企画に応募して、競争的資金の獲得に努めてきました。手間のかかる申請ですが、その獲得履歴は団体の社会的な認知度を高め、「育む会」の活動と「関さんの森」の社会的評価を上げることにつながっています。その意味で言えば、「育む会」は健闘していると言えるでしょう。

「関さんの森」がカーナビに掲載され、バスの停留所名にもなりました。インターネット検索をすると、「ウィキペディア」をはじめとして「関さんの森」について多くの情報が得られるようにもなっています。でも、先にも述べたように「まだ不十分」なのです。さらなる活動を目指すための資金づくりとして、フリーマーケットなどでウメや梅干、タケノコ、フキなどを販売しています。先にも少し触れましたが、ここでその活動について少し紹介します。

年に二度、新松戸地区でフリーマーケットが開催されています。「関さんの森」も「育む会」

を設立した一九九六年から実行委員会に参加しており、春には朝掘りタケノコやフキや梅干しを出品しています。早朝、会員がタケノコを掘るなどして急ピッチで準備をし、鮮度抜群の食材を並べます。たいそうな人気で午前中の早くに完売となります。

もちろん、さまざまな店が軒を並べています。古着屋もあれば飲食店もあり、それぞれの店を見て回れば掘り出し物に遭遇する可能性もあります。それが理由なのでしょうか、会場内は市民の楽しい交流の場ともなっています。そこで、「育む会」では食べ物だけでなく活動を紹介するパネルも展示するようにしました。

毎回好評を博するフリーマーケットですが、自然の恵みは天候次第なので、暑すぎたり寒すぎたりした年には店頭に並べる農産物が間に合わないといったことが起こります。また、マーケット自体が雨で中止になる場合もありますから、重要とはいえ、資金を得るという観点ではいささか不安定な面もあります。

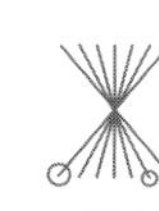

海外からの訪問者

本章で述べた情報発信の成果の一つではないかと感じていますが、海外からの訪問者が多いのも「関さんの森」の特徴と言えます。「育む会」の活動が、世界の環境世論や学問の傾向と共鳴しているからだと自負しています。「はじめに」でも紹介しましたように、二〇〇六年にはレスター・ブラウン博士が屋敷林のなかで講演を行っています。ブラウン博士は、「関さんの森はリラックスできる」と言って、この森をたいそう気に入ったようで次のように語っています。

「小さい森にも大きな価値があります。この森が残ったことに、次世代の人たちは感謝することでしょう」

森はエコロジーなどを学ぶ環境教育において格好の場所であり、人間の健康にも貢献していると強調し、森を保全する「育む会」の活動をブラウン博士は評価してくれました。講演中、博士の大好きな鳥たちがさえずり、まるで講演をねぎらっているかのようでした。

海外から来訪される研究者にはさまざまなケースがあります。日本で開催された国際学会に参加したついでに寄られるとか、日本の研究者から得た情報に興味をもって来られるといったケースが多いようです。それを踏まえると、「育む会」が行っている情報発信もそれなりの成果を出していることになります。

海外から研究者が来られるたびに、数人のメンバーが質問やインタビューに答え、見学の手伝いを行っています。このような草の根の国際交流は、生物多様性の維持や持続可能な社会とまちづくりといった関心を広げるだけでなく、国境を越えて相互に勇気を分かちあう機会ともなっています。それを物語るような来訪者を少し紹介しておきましょう。

二〇一三年三月、ワシントン大学の教授たち五名が見学に来ました。千葉大学園芸学部主催の国際シンポジウム「国際化時代の大学と地域の連携『世代がつながる持続可能なまちづくり』」で基調講演をされたダニエル・ウインターボトム（Daniel Winterbottom）教授の一行です。教授らは「関さんの森」内にある古い建造物に興味を示したほか、屋敷林を散策しつつ、日本が世界に誇る生物多様性の宝庫となる里山歩きを楽しみました。折よく桜が咲きはじめているときで、少し早いお花見気分も味わえてとても喜ばれました。

また、二〇一四年一〇月には、「こども環境学会設立一〇周年記念シンポジウム」に参加したノースカロライナ大学のロビン・ムーア（Robin C. Moore）教授たちが千葉大学の木下勇教授とともに訪問されています。里山を見学され、「育む会」のイベントや、ここでの子どもたちの活動と学びについて話が弾みました。

これ以外にも、二〇一〇年一一月一三日、ソウル大学の教員と一緒に大学生一三名が来られています。日本における都市の緑の現状を調査するために来日されていたのですが、このときは、千葉大学園芸学部の孫教授の案内で「関さんの森」を見学しています。

第5章 「関さんの森エコミュージアム」の誕生

エコミュージアムをつくろう

これまでに述べてきましたように、「育む会」は里山保全を中心にしながら順調に活動領域を広げ、教育面などでも社会貢献を果たしてきました。「育む会」の代表である武笠紀子さんたちは、これまでの活動の蓄積を資源として、さらに価値を深めようとエコミュージアムに注目し、調査見学を行うことにしました。

屋敷林、梅園、農園、湧水池、庭、およびそこにある門や蔵といった江戸時代の歴史的建造物をひとくくりにして「関さんの森」と呼んでいますが、この森をこの状態のままで子どもたちに残したい、そして、この森が育んできた文化やそこに暮らした人びとが紡いできた歴史を丸ごと後世に伝えていきたい、と武笠さんたちと姉の美智子が願ったとき、選択したのがエコミュージアムでした。そして二〇〇七年二月、中島敏博さんを中心に「育む会」のなかに「関さんの森エコミュージアム準備会」を立ち上げ、翌年の七月二〇日には「関さんの森エコミュージアム」が発足し、その翌日「発足記念シンポジウム」を開催しました。

エコミュージアムとは

そもそも、エコミュージアムとは何でしょうか。実は、一九七〇年代頃にフランスに登場した新しい博物館の取り組みです。ごく簡単に言えば、野外博物館ということになります。この概念を提唱したのは、国際

「関さんの森エコミュージアム」発足記念写真（2008年７月20日）

博物館会議（ＩＣＯＭ）の初代会長ジョルジュ・アンリ・リヴィエール氏（George-Henri Riviere, 1897～1985）でした。リヴィエール氏の定義によれば、エコミュージアムは次のようになります。

ある一定の文化圏を構成する人びとの生活と、それを取り巻く自然、文化、社会環境の発展過程を歴史的に研究し、それらを遺産として、現地において保存、育成、展示することによって地域社会の発展に貢献する。

伝統的な博物館では、建物が建てられたあと、すでに評価の定まった「高度な文化」などがそこに展示されます。高度な文化ですから、学芸員などの専門家によって維持管理され、一般の人びとは受動的に見学・鑑賞するだけとなりがちです。これに対してエコミュージアムは、保存・展示の対象がその地域生活そのものなので、フィールドを活用することになります。地域の住民が中心になって、専門家の助けを借りながら、自分たちの生活文化を歴史的に掘り下げる形で展示をしていくわけです。実際、フランスでエコミュージアムの動きがはじまった背景には地方分権化の思想があった、と環境社会学者の菊地直樹氏（金沢大学准教授）は指摘しています。

エコミュージアムを利用される人は、開かれた空間を歩いたり、見学したり、時にはガイドの話を聞いたりして地域に残る自然・文化・歴史を五感で感じ、歴史のなかに今を位置づけます。

その地域で暮らしてきた人びとが自然にどのように接してきたのか、またどのような生活文化を築いたうえで今日に至っているのかを感じ、理解し、それに基づいてその地域と社会をこれからどのようにつくっていくべきかを考えるための手がかりを得るのです。ごく普通の人びとの歴史と今と明日を生活者の目線でつなぐ、これがエコミュージアムなのです。

このような体験を共有することで、その地域に住み続けている人も、新しく移住してきた人も、またここを訪れた人も、自らのアイデンティティの構成要素のなかにその地域を組み込むことができます。言い換えれば、エコミュージアムは、普通の人びとが専門家と一緒に自然と人間との関係、つまり文化と生活の歴史を明らかにし、それに照らして現在の問題などに気づいていくという、開かれた「研究所」と言えます。

「関さんの森エコミュージアム」発足シンポジウム

姉の挨拶

さらにエコミュージアムについて分かりやすく説明するため、「関さんの森エコミュージアム」発足シンポジウムの内容を紹介していきましょう。「みんなでつくろう『関さんの森エコミュージアム』」と題された発足シンポジウムは、先に述べた「シンポの達人」の木下さんが中心になって「育む会」のメンバーによって企画が練られ、二〇〇八年七月二一日、流通経済大学の新松戸キャンパス講堂で開催されました。

主催者となったのは、「関さんの森エコミュージアム」と「関さんの森を育む会」、それに公益財団法人埼玉県生態系保護協会です。ちば生物多様性県民会議が共催し、後援には千葉県、千葉県教育委員会、松戸市教育委員会、聖徳大学、流通経済大学をはじめ、学校やＮＰＯ、各種社会団体、新聞など合計四六団体・組織が名を連ねました。

後援団体の多さにも驚きますが、講堂を埋めつくした参加者の数に主催者側がまずびっくりしました。同じような関心をもつ人たちがなんと多いことか、なんとたくさんの応援者がいることか、と。参加者数は約五二〇名でした。

記念シンポジウムは、主催者を代表して姉の関美

「関さんの森エコミュージアム」発足記念シンポジウム
（2008年７月21日）

智子の挨拶ではじまり、専門家二人による基調講演がなされました。続いて、山田純稔さんが「関さんの森の自然と生きもの」と題してパワーポイントで森を紹介し、最後がパネルディスカッションで締めくくられました。主催者として挨拶した姉は、シンポジウムを前にして、あるNPOの取材に対して次のように語っています。

道路を作れば、二百年もの歳月が作ってくれた自然があっという間になくなってしまいます。年間三千人ほどの人や子どもたちが緑を共有して、勉強や体験に来ています。この年になって、自然をなくしてしまったら生きている甲斐がありませんね。［末広クラブ「逆井漫歩118」のパンフレットより］

長い時間をかけて育まれてきた自然を何としても護り残したい、これが彼女の偽らざる願いです。ここに生きた生きものたちの軌跡を遺して次世代に引き継ぎたい、人間の時間の蓄積はもとより、動物、昆虫、植物などのあらゆる生きものたちの痕跡と種の存続をかなえ、まるごと明日に引き継ぎたい、と念願しているのです。地方紙のインタビューに対して姉は次のように答えています。

屋敷の蔵三つから江戸時代後期の古文書が発見された。昔の伝統や文化が分かるかもしれない。自然と住民の生活の歴史を展示する生きた博物館として一般の人々に活用してもらえればと思う。〔地域新聞〉二〇〇八年七月一八日号〕

そして記者は、「関さんは都会の中で森を守り抜く決意だ」と記事を結んでいます。姉は、両親と同様に自然を深く愛し、人びとの暮らしの歴史と文化を尊ぶ気持ちを現在ももち続けているのです。

シンポジウムで姉が話した具体的な内容ですが、姉は挨拶のために原稿を用意したことがありません。ゆえに、ここでその内容を紹介することはできません。フォーラムなど各種のイベントで挨拶をする機会は何度もありましたが、一度たりとも原稿を準備したことがないのです。もちろん、メモもつくっていませんので、いつも自然体で、にこやかに気持ちのこもった言葉が口をついて出てきます。まるで、空から言葉が降ってきたかのようです。

このままの自然を未来の子どもたちに残したい、あらゆる生きものの命を大事にし、生きものたちを種として存続させたい、といったシンプルかつ揺るがぬ願いとともに、気持ちを同じくして自然保全に汗を流し、知恵を絞る人びとへの感謝をてらいなく表現します。この話ぶり、これまでにぶれたことが一度もありません。

コラム　「都市の里山」と「関さんの森」（木下紀喜）

日本は森林が国土の68％を占める森林国です。その６割を占めている私有林は、主に農山村の住民が保有・管理しており、「里山」として住民の生活と深く結びついてきました。しかし、昭和30年代に入ると、エネルギー革命により薪炭の利用が急減し、農業の機械化、化学肥料の多用などにより森林との結びつきが次第に希薄化していきました。

一方、高度経済成長に伴う急激な都市化の進展は、山林、丘陵、農地の工場や宅地化などにより、日本人の原風景であった「里山」が次第に消滅していきました。都市への人口集中の結果、大気、水質の汚染といった公害も発生し、自然から得られる季節感は薄れ、日常生活に潤いがなくなり、都市住民の生活様式は自然とはかけ離れたものとなりました。とりわけ、子ども達の遊びには虫捕りや魚釣りなどがなくなり、自然とのふれあいが遠ざかっています。

都市公園や緑地などはありますが、絶対的な量が不足しているほか、管理のしやすさや安全性優先のために自由な接触が制限されています。このまま「日常の自然」の喪失を放置しておけば、自然から得られるみずみずしい感性や独創性が失われ、バーチャルリアリティー主体の社会が出現することになってしまいます。「日常の自然」が失われつつある今日、それを取り戻すためには森林が必要です。その森林には、昆虫や鳥なども含めた「自然的空間」として、情緒や人間性のかん養、訪れる人に季節感をもたらすことが求められます。

これを都市部に新しくつくることは、技術的にも経済的にも困難です。それだけに、残された「里山」や地域で守られてきた「鎮守の森」などを活用する必要があります。市民団体が「都市の里山」として管理運営している「関さんの森」はその先例となります。都市にある森林を身近な自然として将来も保全するためには、相続税等税制上の措置やトラスト制度の導入、民間活力の利用、隣接者との調整措置などを検討する必要があるでしょう。

「育む会」の会報第28号は「エコミュージアム開設記念号」となっていますが、そこではシンポジウムの総合司会を担当した木下紀喜さんが、姉の挨拶について次のようにまとめています。
「このたびのエコミュージアムの立ち上げにより、私たちの二・一ヘクタールの森をそっくりそのままの形で未来の子どもたちにプレゼントしたいと考えていると発言（し、）その大胆な発言は、会場の聴衆に熱い感動を与えていました」

基調講演

基調講演の一人目は、森の寄付を受けた埼玉県生態系保護協会の会長であり、日本生態系協会の会長でもある池谷奉文さんで、講演タイトルは「世界の環境・日本の環境」でした。国際的に活躍している池谷さんは、自然生態系の破壊としての環境問題の深刻さをパワーポイントでくっきりと示し、里山保全・森林保護の緊急性と価値を説得力豊かに熱く語られました。

大量生産・大量消費が自然破壊を招いていること、「持続可能な発展」のためには社会経済の仕組みを変えなくてはならないこと、そのためにはＮＧＯの存在が欠かせないことなど、こうした現実を踏まえて環境問題に取り組めば、社会と経済のあり方についても考えることになり、一人ひとりが自らの生き方と自覚的に向き合うようになるというお話でした。

二人目は、兵庫県立大学環境人間学部教授の合田博子さんです。合田さんが専門とされるのは社会人類学で、森林・水環境の維持と地域独自の知識・知恵・技術との関連を調査してきました。そうした研究を踏まえて合田さんは、「関さんの森」にある熊野権現の社とその位置に注目しました。「神社や社は神の座すべき場所にあり、そこにあることで、洪水や雪崩れなどのリスクを指し示しえた」と、合田さんは言います。

講演内容によれば、熊野権現は森の神、木の神、水源の神で、樹木信仰と結びついていました。熊野権現が護ってきた「関さんの森」はカヤ（栢）の森だそうです。そして、サンショウ（山椒）の木が社の周囲に多いのは、皮膚病に効く神様という信仰があって、治るとそのお礼に植えたためと言います。先にも述べたように、サンショウの木が病気を治してくれたお礼というのは言い伝えのとおりでした。

合田さんの報告によれば、新松戸・幸谷地区は、かつて高台はマキ（馬の牧場）で、低地は湿地帯を干拓した土地となっていたため、排水、洪水、渇水などといった水をめぐる問題を抱えていました。それゆえ、森があり、水が湧き、森の神、水の神などを祀り、生活が守られてきたという歴史があるのです。神が座すべき場所は、時にはそこが災害の危険個所、安全箇所を示していることがあると言います。合田さんの報告によって、神が祀られている場所には意味があり、そこが大切であることがよく分かりました。

「森の傍らに、神とともに人びとの生活が存在」しました。水を醸成してきた森や木を伐ったら、元には戻らないのです。木下さんは「会報第28号」において、「関さんの森は、学校、病院、道路と並んで、新松戸に残された貴重な社会資本であるいったレスター・ブラウン氏の言葉は、実態をよく表している」と合田さんの報告をまとめています。

　合田さんは、この地域の「空間の履歴」である「水争い」に触れ、先人が守り、引き継がせたかったことを風化させてはいけない、「空間の履歴」の伝達が自然環境保全学習の重要な一側面だ、と指摘しました。

「空間の履歴」、ちょっと耳慣れない言葉です。この言葉は、当日のシンポジウムに参加された哲学者の桑子敏雄さん（前掲あり）が『風景のなかの環境哲学』という本のなかで説明している概念です。環境問題を考察するためには、空間と時間と人間の関係について考えなければならないというものです。また、環境世界を再編していくときには、心に置くべき課題として、「空間の履歴」が結ぶ「環境」、「景観」、「合意形成」を統合的に捉えようとしたものです。［桑子（二〇〇五）二四三ページ参照］

　普段何気なく見ている風景、また当たり前となっている景観にも歴史の積み重ねがあります。さらに、そこにはちゃんとした意味もあるのです。なぜここに社があるのか、なぜここに樹木が植えられているのかなど、考えながら街を散歩すると驚くような発見があるかもしれません。桑子さんは次のようにも言っています。

「人間の行為はそのひと自身の履歴を形成するとともに、その行為の対象となった空間にも履歴を残す。人間の行為の履歴と空間の履歴とを切り離すことはできない」［桑子（二〇〇五）三八ページ］

どうやら、人間の「責任」というものは想像以上に大きいようです。合理性や利便性だけを踏まえた開発は、「空間の履歴」に即したものとなるのでしょうか。何のモニュメントもない景観にも、そのような景観に至った歴史的な経緯があるのです。桑子さんは次のようにも言っています。

「風景の向こうには、風景を支える知恵が潜んでいるのである」［桑子（二〇〇五）一五ページ］

そう思うと、先人の営みの意味が潜む風景に引きつけられます。経済的利益と利権だけで風景を遮二無二に台無しにするとすれば、そのような開発行為は、そこに刻まれていた先人の文化と思いを侮辱することになります。

「空間の履歴」という概念によって、風景を味わい、解読する興味が俄然湧いてきます。同時に、姉のスピーチに込める思いが「空間の履歴」という概念を知ると一層分かりやすくなり、その客観的な意味が心にすとんと落ちるような気がします。

公共事業としての開発に際しては、「空間の履歴」が「社会的合意形成」の基盤になることを望みます。そうすれば、その地に生きてきた人びとの文化や知恵を無にすることなく生かすことができ、「今」をどのように築くかについて考えることができます。先人の知恵を無視してしまうという行為は、このうえなく「もったいない！」のです。

このようなことを考えさせられた基調講演に続くセッションでは、先の考え方を支援するかのように、前章で紹介した米田雅子さんが関家の古文書について紹介してくれました。そのあとに行われたパネルディスカッションで、米田さんは次のように語っています。

「関家の二つの蔵にある古文書を解明し、保存することを、エコミュージアムに期待しています」

先にも述べたように、これがきっかけとなって「古文書の会」が生まれています。埃をかぶっていた古文書が息を吹き返し、江戸時代の百姓の生活、つまり庶民史が明らかにされはじめたのです。「古文書の会」の参加者が、古文書を一つ一つ分類・整理し、破損しないように保存しながら丁寧に読み解き、その研究成果をタウン誌〈月刊新松戸〉で継続的に発表しています（一〇〇～一〇二ページ参照）。

「関さんの森」の自然保護活動は、このような形でバージョンアップし、参加する人びとによって公共性が順調に紡がれていくことになりました。しかし、安堵の日は長く続きませんでした。この活動拠点を一挙に壊滅しかねない大事件が勃発したのです。

第6章

市民力が自然を護る——環境保護の市民運動と学習

強制収用

世の中、よいことばかりが続くものではありません。何の前ぶれもなく、「関さんの森」に悲劇が襲いました。なんと行政が、この場所を対象として、土地収用法に基づく強制収用の手続きを開始したのです。「育む会」の活動拠点となっている「屋敷林」と「こどもの広場」はもとより、江戸時代の歴史的建造物や樹林など、エコミュージアムの拠点が丸ごと破壊されることになったのです。いったい、どうしてこんなことになったのでしょうか。

今から五〇年以上も前の一九六四年、「環境アセスメント」という言葉さえ耳にしないときに行政が机上で線を引いた「都市計画道路3・3・7号線」という亡霊に新たな生気が吹き込まれ、「関さんの森」を分断することになる道路を造るという決定が下されました。

行政側は、強制収用のタイミングを推し量っていたようです。「エコミュージアム発足記念シンポジウム」に多くの参加者が集まり、華々しく開催されたことが引き金になったように思われます。強制収用に取り掛かる準備はできていたようで、これ以上、自然保護の市民意識が高まってからでは手遅れになる、今のうちに芽を摘んでおこう、といわんばかりに執行を決行したのです。

シンポジウムが開催されたのは二〇〇八年七月二一日です。一方、松戸市が「都市計画道路3・3・7号線」の道路用地取得について、「土地収用法に基づく事務手続きを開始する」という記者発表をしたのは四日後の七月二五日です。「育む会」の人たちがシンポジウムの成功を喜んでいたそのとき、松戸市の職員が強制収用手続きに着手する旨を伝えに来ました。まるで、天国から地獄に突き落とされたような思いでした。

実際のところ、これまでにも何度か行政は道路用地の取得のために地権者宅（私たちの家）を訪問していました。必ず数人の男性が来て、地権者である女性たちを取り囲んだのです。男性が女性を取り囲み、威圧して、ある雰囲気をつくるというセクハラまがいの姿勢は一度も改まることがありませんでした。証拠写真を撮っておけばよかったのに、と後悔しても後の祭りでした。

いずれにせよ、七月二五日の記者発表によって、自然保護をめぐる行政と市民グループとの本格的な闘いがはじまることになったのです。まずは少し歴史をさかのぼって、こうした事態に至った経緯を説明しておきます。

「都市計画道路3・3・7号線」をめぐる攻防

第一ラウンド――議会の奇策に騙された市民

都市計画道路3・3・7号線が都市決定されたのは一九六四年です。市川市から松戸市を経て、埼玉県を結ぶ幹線道路として計画されました。これに対して、父関武夫と幸谷地区の友人たちが「育森会」を結成し、道路と自然保護との両立を訴え続けました（一四〇ページの地図参照）。

父の専門が地質学ということもあって、地質・土木などの専門家の力も借りて、どうしても道路が必要であるなら、その一部を「地下走行（トンネル）とするように」と松戸市議会に陳情したのは、一二年が経った一九七六年一二月のことです。そのとき、三六〇二筆の署名が添えられていました。

松戸市議会は、同年一二月二三日、地下走行案を採択しています。「育森会」の人びとは大いに喜んだのですが、残念ながら、この案は実行されませんでした。地下走行が着手されないまま時間が経ち、一九八三年六月四日、近隣の二ツ木地区から３・３・７号線を箱掘り工法で早く開通させてほしいという陳情が出されました。「育森会」は同年六月七日に再度トンネル案（ＮＡＴＭ工法）[1]を提出して陳情しましたが、その後二つの陳情を取り下げるように求められ、両団体は陳情を取り下げています。このとき、すでに巧妙な仕掛けが動き出していたことを後日知ることになります。

二つの陳情団体は連合会をつくって、一九八六年五月、幸谷地区はＮＡＴＭ工法で、二ツ木地区は箱彫りで、道路を早期に実現するように求める新たな陳情を出しました。同年九月には、一万七一五〇筆もの署名が提出されています。そして九月二五日、松戸市議会はこの陳情を一部だけ採択したのです。驚くべきことに、陳情のうちの「開通促進部分」だけを採決するという思いもかけない「つまみ食い」が行われました。その結果、道路建設の工法は棚上げされたまま開通だけが促進されることになり、都市計画道路３・３・７号線の工事が動き出したわけです。こんな裏技のあることを知らない市民たちは、まんまと騙されてしまったのです。

陳情のなかから、議会・行政にとって都合のいい部分だけを採択し、陳情に込められた民意をないがしろにするなどということが民主主義社会で許されるものでしょうか。「育森会」の人びとはこのように思ったはずです。しかし、松戸市議会は、この裏技を強引に使って決着を図ったのです。つまり、環境に配慮したトンネル案はうやむやにされてしまい、消えてしまったのです。

のちほど、このからくりの背景を紹介します。

区画整理事業に邁進する松戸市は、さしずめ土木土建国家の地方版といったところでした。行政にとっては、区画整理さえすれば、その用地内の道路建設費を安くあげられるという「うま味」がなくてはならないのです。つまり、トンネル案では沿線の土地価格を吊り上げることにならないということです。地上を走ってこそ道路は金銭的な富をもたらす――このように思っていた人たちにとっては、地下を走る道路は「道路ではなかった」のです。

道路問題の再燃

都市計画道路3・3・7号線の工事が着工され、何箇所かを残して開通に向かって動き出しました。残された部分で一番長い箇所が「関さんの森」の部分となる一九三メートルでした。二〇〇六年頃から松戸市の都市計画課は頻繁に地権者宅（私たちの家）を訪問し、道路用地を提供するように働きかけました。業を煮やしたのでしょうか、川井敏久市長（当時）が地権者宅に足を運ぶようになりました。「育む会」は、緑地の破壊が少なくなるように知恵を絞ってほしいと凍

（1）地表から穴を掘り、円筒や箱を地中に下ろして壁を造って道路を掘り続ける工法ですが、トンネルではありません。

結案を提出したのですが、却下されてしまいました。そして、二〇〇七年一二月二〇日の一二月議会の最終日、いきなり「都市計画道路３・３・７号線の早期開通に関する決議」が提案され、賛成多数で採択されたのです。

凍結案を却下された「育む会」は、のっぴきならない事態に追い詰められてしまいました。どうすれば自然を残すことができるのか。この時点で、運動の大転換を求める意見が出たのです。声の主は、景観市民ネットの石原一子さんでした。もはや立ち止まっている場合ではない、緑地をできるだけ残せる道路の代替案を作成して打って出るのだ、自然を護る方法はそれしかない、と。

言うなれば、抵抗型の運動から政策提言型の運動へと舵を切るべきだという意見です。そうしなければ、里山も市民運動も木端みじんに砕け散るだけだ。なんとしてもそれは避けなくてはなりません。「育む会」の人びとは、唇を噛みしめ、空を仰ぎつつ決意しました。里山を残すために可能なことは何でもしよう、やるっきゃない、と。運動のギアが上がった瞬間でした。

行政側の早期開通の決議は、なぜ今なのでしょうか。

道路建設には、救急車や消防車が通るのに必要だといったもっともらしい理由が必ず挙げられるのですが、それならば、どうして今まで長年にわたって道路建設が放っておかれたのかという疑問が生じます。既存の道路が十分に機能していたとすれば、今通さなくてはならない特別の理由が見つかりません。このときの道路建設に理由があるとすれば、「関さんの森」に隣接する、頓挫していた区画整理事業を再始動させることしか思い当たりません。区画整理事業は組合形式の事業だったのですが、これに行政は深くかかわっていたのです。

これまで松戸市では、区画整理事業を一種の錬金術として使ってきました。その証拠に「区画整理お大尽」や「区画整理名士」が何人も誕生し、主な協力者が市議会議員になっています。また区画整理は、有力者が道路沿いの土地を手に入れる「魔術」でもありました。たくさんの土木・土建業者が生まれた結果、松戸市の開発は大小の区画整理事業によってパッチワーク状になってしまったのです。

二〇〇五年の調査では、松戸市の樹林地は市域のたった四・二パーセントで、千葉県では下から四番目となっています。また、一般民有林（公有地や寺社林などを除いた樹林地）は、著しい経済成長をした一九六〇～一九七〇年代に三分の一にまで激減していました。区画整理事業が市中で猛威を振るい、相続税対策ということも手伝って樹林地が減少したわけです。この減少傾向は区画整理事業の継続によってさらに続き、二〇一四年には一〇六ヘクタール、わずか一・七パーセントにまで落ち込んでいます。

二つの公共性の対立

道路問題は、二つの公共性の対立であったと言えます。どういうことでしょうか。一般的に言って、道路建設は代表的な公共事業であり、「公共性」があるとされるために市民は反対できない、という歴史が長く続いたと思います。政府はもとより、地方行政が「公共性」を独占してきたと言ってもいいでしょう。しかし、これに異議を申し立てる人びとが出てきたということです。公共事業が目指す社会のあり方とは異なる社会像と価値観を抱いている人びとです。

道路づくりが強引に行われるのは、その事業が公共性をもつからとされていますが、「ちょっと待ってください、その公共性は本当の公共性ですか」という問いが発せられるようになりました。要するに、政府・行政の言う「『公共性』が必ずしも普遍的な意味での公共性を意味せず、支配や統治の言説として用いられる場合がしばしば見られている」［牛山（二〇〇六）二六二ページ］というわけです。

当局によって規制されてきた公共性に「市民的公共性」を対峙させ、いわば「公共性の構造転換」を提起したのはハーバマス（Jürgen Habermas, 1929～）でした[2]。ハーバマスはドイツの哲学者、社会学者で、現代の人文社会科学の成果を統合し、包括的な社会理論を展開し、とくに公共性について究めました。

後者の「公共性」は、公権力に対抗してまで主張せざるをえない私人たちの生活圏なのです。

［牛山（二〇〇六）二六二ページ］さらに言えば、あるべき社会像を提起し、それを実現しようとする、いな実現せざるをえない内発的な要求に基づく価値指向的な未来の生活圏構想なのです。この公共性には、道路建設による社会づくりでは実現されない「ある価値」を具体化しようとする価値指向性が貫かれています。では、その「ある価値」とは何でしょうか。価値指向性が市民を突き動かして、強制収用による道路建設に反対したのです。なぜ反対したのかという四つの観点から価値指向性に迫ってみましょう。

❶持続可能な社会のために自然環境の保護はもっとも重要である。
❷子どもと市民による土地の公共利用を優先すべき。
❸強制収用という行政の強引な手法は民主的ではなく、民主主義に則った政策化と実現の過程こそ重要。
❹テクノクラート（行政）が立てた政策によって社会の方向性が決まるのではなく、市民の希望が反映された方向性（まちづくり）を目指すべきではないか。

（2）ハーバマス／細谷貞雄ほか訳『公共性の構造転換』第二版、未来社、一九九四年参照。

このような観点から、道路問題で立ち上がった人びとは計画道路の線形を変更し、自然破壊の少ない道路建設の代替案を提出し、「その実現を」と働きかけたのです。のちに詳しく述べますが、道路問題をめぐる市民運動は、一見すると抗議・抵抗型に見えますが、実は提案・政策実現型だったのです。つまり、道路政策に民主主義をもち込んだものでした。

いささか抽象的な話になりましたので、行政と市民との対立構造について具体的に述べていくことにします。

「関さんの森」側における公共性のコアになっていたのが「関家の庭」でした。市民が憩うのも、子どもや大人が学ぶのも、他団体との交流や国際交流や各種の文化イベントもこの庭がコアになっていました。都市計画道路３・３・７号線は、その庭の中央を通ることになるのです。もちろん、歴史的建造物や歴史的景観、樹木や生物多様性に富んだ緑地も、すべて道路によって蹂躙（じゅうりん）されることになります。

前述したことですが、エコミュージアム設立記念シンポジウムで合田さんが、「現在では、建造物もその場で保存することが重要視されている」と述べています。また、千葉大学名誉教授の中村攻氏は、その理由について、「建造物ばかりでなくその位置関係が、人びとが何を重視し、いかに生きていたかを示しているからだ」（講演記録より）と、合田さんと同趣旨の指摘を行っています。

強制収用によって道路建設が着手されれば、丁寧に育んできた人と自然との共生関係が断ち切られることになります。それは、里山保全にかかわってきた人びとのアイデンティティを否定するものでもありました。道路が建設されれば、自然の営みに驚く子どもたちの弾む声が聞かれなくなるのです。子どもたちの目の輝きや笑顔も見られなくなるのです。もちろん、学びとケアのために過ごした充実した時間も共有できなくなります。里山保全活動によって味わった達成感、ゆったりと流れる森の時間の安らぎ――これらがすべてなくなるなんて考えられないし、許せないと、「育む会」と「エコミュージアム」の全メンバー、そして森の利用者たちは唇を噛みしめました。

しかし、行政側には「道路の公共性」という主張があり、言い分がありました。都市計画道路3・3・7号線は幹線道路であって、住民にとっては通過道路でしかありません。にもかかわらず、行政側は住民も使うものとして生活道路の側面を前面に押し出してきたのです。要するに、都市計画道路は建設しなければならない、道路建設という公共事業は止まらない、ということです。

これは、議会を背景にした行政マンの使命であり、このうえない業績となります。いわば「勲章」なのです。区画整理組合の組合員からしても、道路が開通しないと事業の完成が遅れ、組合員の負担金が膨らむことになります。言うまでもなく、巨額の融資を受けているので利子が嵩むことになります。「行政の支援が前提なのに、これはどうしたことか！」と、区画整理組合から行政は抗議されかねません。

これを裏付ける体験をしました。道路問題で区画整理組合の理事長が来たときのことです。区画整理事業の担当市職員は、その理事長に対しては下にも置かない扱いで、話し合っていた私を完全に無視しました。区画整理事業と行政との関係を思い知らされた瞬間でした。気分を害しましたが、両者の関係を知ることができたという意味では貴重な体験でした。

公共事業としての道路造りの背後には、とてつもなく大きな力が潜んでいるようです。「官僚、政治家、企業等が利益共同体として建設を促進する」のです。手ごわい建設推進勢力のスクラム、「道路建設利益ブロック」[3]とでもいうものが、市民によるまちづくり構想の前に立ちはだかりま す。これが日本の道路建設の構図なのです。

松戸市は道路建設にかかわる土木・土建関連企業を大量に抱えており、常に公共事業を続けなくてはならないようにも見受けられます。先に触れたように、区画整理事業も完成させなくてはなりません。これらの問題を一挙に解決するのが都市計画道路３・３・７号線の建設だったのです。道路用地を提供するように土地所有者を説得するだけの時間はない、事態は切迫している、と行政当局は考えたのでしょう。

道路は人びとの生活を便利にしますし、経済効果もあるとされています。道路づくりは、当然、道路建設利益ブロックに利益をもたらしますが、そのほかの誰に経済的な利益をもたらすのかについては判然としません。でも、道路を造ればあまねく金銭的な利益がもたらされるという神話が日本中で現在も生き続けているのです。

話をまとめれば、こういうことです。一方には自然を破壊することで一部の人が得る金銭的利益があり、他方には、自然を保全することで生み出される価値、つまり生物多様性、子どもと大人の学び、ケアや憩いがあります。現代社会では、どのように時間を過ごすかが重要と言われていますが、(4)自然保護と保全がもたらす価値は、まさしくどのように時間を消費するかにかかわっているのです。都市計画道路３・３・７号線の問題は、先に述べたように二つの公共性の対立であり、二つの価値の対立でした。

「育む会」は、分の悪い闘いと知りつつ自然を護るために立ち上がりました。道路建設が止まらない日本では、道路をめぐる市民運動は敗北を余儀なくされてきました。参考までに、道路建設の猛威を数字で示しましょう。

国土面積当たりの道路面積を見ると、日本は諸外国に比べると極端に高く、もはや過剰になっ

(3)「座談会道路建設はなぜ止まらないか：五十嵐敬喜・神野直彦・三村翰弘・橋本良仁・篠原義仁」『世界』二〇〇九年八月、一三八ページ。
(4) 見田宗介『現代社会はどこに向かうか』岩波新書、二〇一八年参照。

ているのに造られ続けているそうです。[5] また、道路投資額も先進諸国のなかで特段に高く、可住面積当たりでフランスの九・八六倍、イギリスの一〇・九九倍、アメリカの二八・一二倍となっています。[6]

道路建設に国家が邁進する背後には、上記の道路利益共同体が利益を得る財源、つまり道路特定財源がありました。自動車利用者が負担する諸税、たとえばガソリン税などの税収を道路整備の財源とするという制度で、田中角栄氏（一九一八～一九九三）の提案で一九五三年につくられたものです。受益者負担原則に基づく制度でしたが、無駄な道路建設の温床と批判され、福田康夫政権下で二〇〇九年に廃止されました。しかし、その後も、一般財源化されたはずの揮発油税などの税収約八八パーセントが相変わらず道路整備などに使われているのです。

ここでは財源問題には踏み込みませんが、道路を造れば儲かるという仕組みが日本を世界一の「道路王国」にしたのです。[7] その実態は「世界の道路統計」（二〇〇七年英語版など）で裏付けられています。国土面積一平方キロメートル当たりの全道路延長の密度や可住面積当たりの道路投資額などが、国際比較によって実証されているのです。

それにしても、道路建設への執着は「利権がらみ」で何ともしつこいと言えます。道路建設は、確実に「儲かる」ということなのでしょう。道路建設推進派は政治権力を背景にしていますから、恐ろしく強いものです。しかし「関さんの森」の場合は、強制収用を黙って見過ごすわけにはいかないと言って市民が立ち上がったのです。

自然も、また自然保護で育まれた人と人との関係も壊されたくない、これまで丁寧に紡いできた公共性と維持してきた社会的共通資本をむざむざと壊されたくはない、と「育む会」の全メンバーが痛切に思ったのです。しかも、道路建設を止めようとしているのではなく、自然破壊を縮小する道路線形にしてほしいというものですから、行政（道路建設利益ブロックのコア）を何とか説得しようと考えて行動を起こしたわけです。

圧倒的に優位にある行政側は、情報量と経験、磨かれた策略と能力で権限をフル稼働させて、大胆に攻めてきました。都市計画道路の建設なのだから、自分たちは理に適うことをしているのだ、負けるはずがない、日本中で負けた経験などどこにもない、と行政側は思ったことでしょう。その結果は……。

以下では、両者の攻防について時系列的に、その紆余曲折を描くことにします。大きな権力を向こうに回して、小さな里山がかろうじて護られるまでの物語です。

（5）前掲座談会、『世界』二〇〇九年八月、一三五ページ。
（6）五十嵐敬喜・小川明雄『道路をどうするか』岩波新書、二〇〇八年参照。
（7）小川明雄「『一般財源化』の嘘」『世界』二〇〇九年八月、一二八ページ。

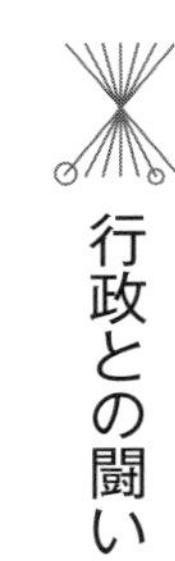

行政との闘い

対立の構図（１）——「育む会」と「エコミュージアム」の闘い方

「育む会」と「エコミュージアム」の闘いにおける大前提は、姉の美智子が「森で研究者を案内していたときの語りに凝縮されている」と、景観市民ネットの大西信也さんは言います。姉は、次のようなことを言ったようです。

> 自然の観察や散策を楽しみながら、森の生きものたちと大地に耳を傾ければ、声なき声が聞こえてきます。「こうして欲しい」とかいった希望を、森の生きもたちに代わってかなえてあげたい、そしてこの里山をそっくりそのまま次の世代の子どもたちに残したい。

アンリ・ファーブル（Jean-Henri Casimir Fabre, 1823～1915）流に言えば、「生命の秘密」（『昆虫記　第十二分冊』岩波文庫、一九六四年）に寄り添うということでしょうか。姉の語りに込められた思想が「育む会」の運動の根底にありましたから、「育む会」と行政との闘いぶりには、はっきりとした違いが現れました。

「育む会」の闘いぶりの特徴の一つは正攻法、つまり自然の価値と生物多様性の重要性、森の公共的な利用実態、多くの人びとによって認められた公共圏であることを、真正面から科学的根拠を挙げて主張することでした。何とかその重要性を分かってほしいと力説し、声を張り上げることもしましたが、この市民の声は行政に届きませんでした。今思えば当たり前のことですが、価値を共有していない行政にとって、それはたわごとにしか映らなかったのです。

二つ目の特徴は、道路建設の代案づくりです。「育む会」と地権者は「道路を通すな」と言っているわけではなく、自然破壊を最小限にすることを要望しているのです。そのため、自然を壊す度合いのより少ない迂回道路案を作成して提示することにしました。さらに、迂回道路のために必要とされる用地を寄付する旨を地権者（関家）は申し出たのです。まさに、腹をくくったわけです。

自然を壊さず、安全な道路を造るために「景観市民運動全国ネット」で道路建設の専門家として活躍する井上赫郎さんが迂回道路案の作成に尽力され、その案を行政側に直接かつ丁寧に説明しました。また、緑を活かしたまちづくりに熱心な千葉大学の木下勇教授は、迂回道路の立体模型図（ジオラマ）を中島敏博さんなどとつくり、迂回道路案を提案する段取りをアドバイスしています。そのほか、研究者から実務家まで多くの専門家がさまざまな角度から知見を寄せ、迂回道路案の作成を支援しました。

三つ目の特徴は、道路問題を公共の論議に乗せることでした。そのためにシンポジウムなどを開催して、多くの人びとに事態を知ってもらうように努めました。主なシンポジウムや講演会を挙げておきましょう。

一つは、森林文化の提唱者である東京大学名誉教授の筒井迪夫さん[8]の講演会と学習会（二〇〇八年九月一五日）です。屋敷林を見学後に講演会「都市の里山を考える」が開催され、一一〇名の参加者がありました。

そして、松戸市と「育む会」との対立が厳しくなった一一月二一日には「里山フォーラム」、題して「都市の中の里山を子どもたちの未来に」が開かれています。埼玉大学教授の安藤聡彦さんがコーディネーターを務め、三人のパネリストが報告したこのフォーラム

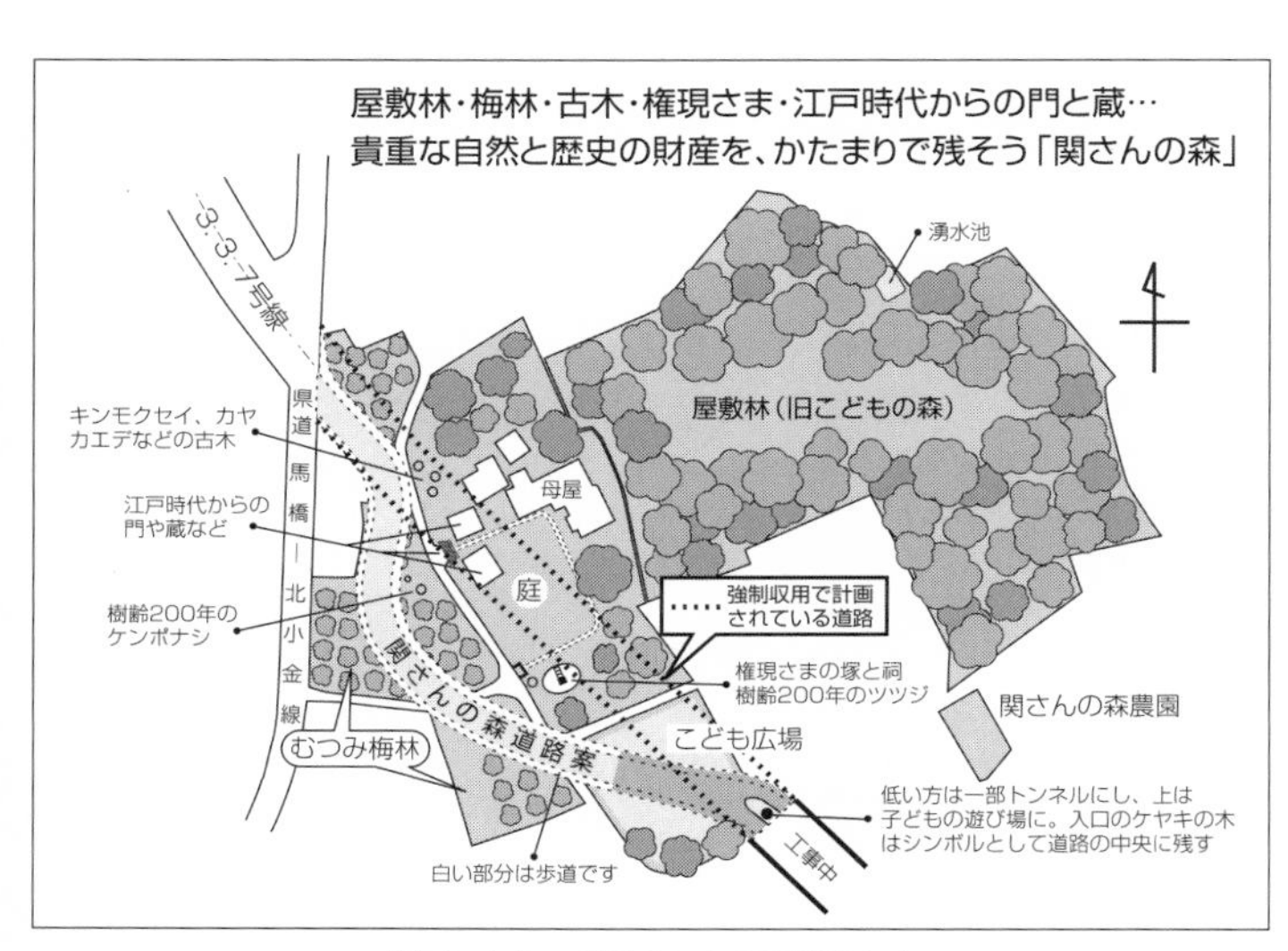

「育む会」が提示した迂回道路案

には一五〇名の参加者がありました。以下のように、実行委員長であった中村攻さん（千葉大学名誉教授）の結びの挨拶がとても印象的でした。

「市が進めている直線案と、関さん側が提案している迂回案の、どちらが公共の福祉のためになるか、答えは明瞭です」


このほか、「育む会」のメンバー自らが、ナショナル・トラスト全国大会などの外部団体によるシンポジウムなどに出向いたケースもいくつかありますし、近隣の家々には「関さんの森ニュース」を配布し、事態を伝えました。それ以外にも、地元の町会長宛てに手紙も出しています。

道路問題を公共の論議に乗せるために、強制収用手続きが開始されたあとに署名活動も行っています。メンバーたちは、駅などの人が集まる場所やイベント会場で署名を集めました。こうした市民運動は初めてという人がほとんどだったのですが、「恥ずかしいなんて言っていられない」と勇気を奮い起こし、署名を集めたのです。その延長として、インターネット署名も行っています。前掲の安藤聡彦教授が有識者による「関さんの森応援団」を結成し、インターネットで署名

（8）一九二五年生まれ。著書に、『森林文化への道』（朝日新聞社、一九九五年）や『子どもと読む木と森の文化史』（朝日新聞社、一九八五年）などがある。

を求めてくれたのです。たちまち一三一名もの賛同があり、賛同者たちはネット上で迂回案を支持してくれました。

署名活動用のポスターも作成しています。ポスターづくりには、プロのデザイナーである吉田宏一さんがボランティアで協力してくれました。また、「市民自治をめざす一〇〇〇人の会」を主宰する吉野信次さん（現在、同会の事務局長）が中心となって「関さんの森を守る松戸市民応援団」が結成され、九月半ばからは主要駅で署名活動に取り組みはじめ、その回数は三〇回に及びました。次項で触れますが、このあたりからテレビと新聞の報道がはじまり、全国からも署名が寄せられるようになりました。短期間で、その数はなんと三万二〇三七筆にも達しています。

公共の論議に乗せるためには、多くの人に「関さんの森」を見てもらう必要があります。そこで行ったのが見学会です。「関さんの森って、どんなところ?」と思う人たちに森を公開して、説明をしようということになったのです。

二〇〇八年九月から二〇〇九年四月末までの土・日・祝日、合計六九回の見学会を実施しました。「育む会」のメンバーは休みを返上してガイドを行いました。そのためにガイドのシナリオもつくられ、それを参照しながらメンバーは見学者への対応に尽力したのです。現在でも、この見学会は月に一回、定期的に実施されています。

マスコミによる報道

公共の論議を呼びかける「育む会」側の努力に、マスコミがこたえてくれました。マスコミ報道によって、「関さんの森」に関する道路問題は地方版から全国版に変わったのです。テレビ朝日は「ワイドスクランブル」と「スーパーモーニング」で、ＴＢＳが日曜日の「噂の！東京マガジン」で詳しく報じたほか、日本テレビは「おもいっきりイイＴＶ」で道路問題を扱い、ＮＨＫ総合も「ゆうどきネットワーク」で報道しました。すべての局が事前に丁寧な取材を行い、行政と「育む会」の両者の言い分を聞いたうえで迂回道路案を肯定的に報じました。

もちろん、新聞記事として掲載もされています。綿密な取材を行った〈朝日新聞〉は数回にわたって詳しく報じましたし、〈東京新聞〉や〈千葉日報〉などにも記事が掲載されました。一番記事掲載が多かったのが、地元紙である〈松戸よみうり〉です。〈松戸よみうり〉の戸田照朗編集長の熱心さには本当に頭が下がりました（一五三ページ参照）。このようにマスコミが取り上げたことで、道路問題と強制収用は、〈週刊金曜日〉などの雑誌やナショナルジオグラフィックのウエブサイトでも報じられるようになりました。

対立の構図（２）――行政側の闘い方

行政側は、道路づくりのスペシャリスト集団です。しかも、地権者の資産などといった個人情報のすべてを握っているので、さまざまな攻撃カードを用意することができます。チャンスと見ればそれらを繰り出し、余裕しゃくしゃくといった闘いぶりでした。「育む会」側は直球勝負というういささか単調なものでしたが、行政側には、豪速球あり、変化球ありと、球種が豊富だったのです。

行政側における対応の特徴として、運動体としての「育む会」と地権者を引き離し、協議は地権者とだけで行おうとしたことが挙げられます。行政側は複数の役人で話し合いに臨んでくるわけですが、「育む会」側は、原則として地権者二名だけで応対するようにと働きかけたのです。これが一貫した戦術でした。

変化球や剛速球を投げるというのも、行政側の特徴の一つとして挙げられます。「育む会」との会議では、市職員たちは穏やかな話しぶりで余裕ありげに対応していましたが、時には首を振ったり、薄笑いを浮かべたりと、「育む会」と私たちを心理的に動揺させました。この慇懃無礼とも言える心理作戦に、私は思わず平静さを失いかけるということもありました。そんなタイミングを計って、行政側は持ち札を有効に使ってきました。圧倒的な情報量の成せる技であったと言えます。

「育む会」側も、元市議会議員の武笠紀子さんが情報公開法に基づいて文書の公開を請求しましたが、出てくるのはいわゆる「のり弁」ばかりで、すべてが真っ黒に塗りつぶされたコピーでした。行政側の情報独占は想像以上に固く、決して崩れることがありませんでした。そして、ついに、行政側が「育む会」のバットをへし折るような剛速球を投げてきたのです。それが、強制収用手続きの一環としての「強制立ち入り調査」です。二〇〇八年八月七日に実施されました。

強制収用に向けた「強制立ち入り調査」

軍隊が来たのか⁉　と思いました。八〇人の隊列を組んで、市職員と委託業者が地権者宅を目指して行進してきたのです。ヘルメットに作業服、そしてブーツといった出で立ちでした。ブロック塀を乗り越えるための、ハシゴのような「武器」も携えています。なぜか、私服の警察官数人と医師も同行していました。この行軍を迎え撃ったのは、平服の、「まるごし」の市民一二〇人です。市議会議員一一名が見守り、マスコミ九社が取材に来ていました。

都市整備本部長は自信に満ちた表情で、強制収用手続きとしての立ち入り調査をする旨を仰々しく読み上げました。希少植物が自生している庭や草地を踏み荒らされたくなかったので、「育む会」側は門から庭の中に入らないよう行政側に通告し、断固、侵入を阻止する構えを示しました。

市職員が、一ヘクタールの庭と樹林を囲む塀（生垣・ブロック塀・鉄板の塀）のどこから攻めこもうかと塀に沿って歩き回ります。これに対して「育む会」のメンバーは、彼らの動きに合わせて、侵入を阻止すべく塀の内側を動き回りました。塀の外にいる仲間から狙われている場所の情報が入ると、内側にいる仲間がそこに走ったのです。

市職員たちは、道路建設で伐採されることになる木の一本一本に印を付け、大きさなどについて詳しく調査しました。「育む会」と協力者は、「強引な強制立ち入り調査は控えるべきだ」と彼らに強く抗議し、こうした強引な手法はやめるように説得しました。ただ、万が一、市民の手が市職員に少しでも触れようものなら公務執行妨害で直ちに私服警察官に逮捕されますので、挑発に乗らないようにと仲間同士で声を掛け合っていました。プロ野球の試合で監督が審判に抗議するときと同じく、手を後ろに組むなどして細心の注意を払ったわけです。

「育む会」と支援者以外にも、強制立ち入り調査に身震いをした人たちがいました。そこに居合わせて、顛末を目撃していたアジアや欧米からの留学生たちです。「日本は平和に話し合いで問題を解決する民主主義的な国家と思っていたけれど、これでは、政府に従わない人びとに暴力を振るうこともある自分の母国と変わらない」などと言い、日本社会の隠れた一面を学習したようです。

緊張したまま時間が過ぎ、結局、行政側は塀越えを諦めて、塀の上から覗くという目視に切り替えました。地権者の健康に配慮してのこと、というのがその理由ですが、こんなにも強い抵抗に遭うとは予想もしていなかったでしょう。

「育む会」や支援者は、行政だって強制収用はしたくないだろうから、執行を宣言する都市整備本部長も内心は嫌なのだろうね、とおもんぱかっていたのですが、あにはからんや本部長は、行政マンの最高の出番とばかり、堂々と胸を張っていました。行政マンの気概と自信をのぞかせた一幕でした。

強制収用のための「強制立ち入り調査」（2008年８月７日～８日）

力強い援軍現れる

言うまでもなく「育む会」側は劣勢であったわけですが、こうした奮闘に対して次々と援軍が登場することになりました。一般の市民が、松戸市長や道路関係部署に抗議文や要請書を多数提出したのです。さらに、「生物多様性ちば県民会議」をはじめとした多数の環境保護団体が意見書や要望書を松戸市長宛てに出しています。

前掲した千葉大学の木下勇教授も市長宛てに私信を送ったほか、県外の専門家や研究者一六名など、多くの人が個別に意見書を市長に提出しています。以前に「関さんの森」を訪問したことのあるレスター・ブラウン博士（まえがき参照）が、「関さんの森」を護ることの意味を説く手紙をアメリカから松戸市長宛てに送ったという話を聞き、私たちも驚いた次第です。そして、「関さんの森を守る弁護団」と「関さんの森東京弁護団」という二つの弁護団も結成されました。法廷闘争にならざるをえない時期が迫っていただけに、「育む会」側も準備を進めていくことにしたのです。

むき出しの権力を行使した行政側の立ち入り調査の際、市職員の理不尽な振る舞いから地権者と「育む会」のメンバーを毅然として守ったのは、松戸市在住の弁護士西山明行さんでした。一方、中下裕子弁護士を中心にした東京弁護団は、何度も地権者宅を訪れ、行政側とのすべての会議に付き添い、「育む会」側を支え続けてくれました。また、映画監督とフォトグラファーも作品をつくって市民運動を応援してくれました。自ら映写室をもつ映画監督の香取直孝さんは、『関さんの森～道路と環境のディスカッション　ドキュメンタリー～』というタイトルで、「育む会」と行政側が繰り広げた激しい攻防を記録映画として作製しています。香取氏は、この道路問題をめぐって次のように言っています。

「……『開発か環境か』の論争は、自然と便利さのなかを揺れ動く私たちの心であり、近代文明の正体でもある」

一方、フォトグラファーの大北寛氏は、樹齢二〇〇年のケンポナシを主人公にした『関さんの森ものがたり』で闘いの顛末を描いています。

「第一部　二〇〇歳のケンポナシ」と「第二部　ケンポナシの移植」から成る、写真とキャプションで構成された短編映画で、YouTubeにアップされました。ご覧になると分かりますが、撮影者である大北さんの心が、被写体の人や木、花、虫と通じ合ったときにシャッターが切られているように感じます。現在でも、「大北寛Web写真展」で検索するとインターネットでも見ることができます。二〇一九年時点でその視聴回数は九万回を超えており、海外からもコメントが寄せられたということです。

「育む会」は自然保全の市民グループで、市民運動に不慣れな団体でしたから、行政との闘い方については分かりませんでした。その闘い方を指南してくれたのが、「景観権」を世に送り出した「景観市民ネット」の活動家たちでした（一二八ページ参照）。石原一子さんや大西信也さん、そして末吉正三さんなどが「育む会」と行政側との話し合いに駆け付け、要所要所で発言をされたほか、これらの人の人脈で国家レベルの道路問題の専門家とも面談することができ、解決の糸口を模索することができました。

何度となく壁にぶち当たった運動ですが、そのたびに石原さんから叱咤激励されたほか、大西さんからはきめの細かいアドバイスを受けたことで「育む会」側は活路を切り開くことができたのです。もちろん、ほかの市民運動の経験者もさまざまな局面で的確にアドバイスを行い、力強く励ましてくれました。

「育む会」のメンバーは、時には苦いアドバイスに対しても心を開いてその意味を吸収していきました。自然を愛する「育む会」のメンバーは、このようなサポートを受けることで事態を正確に捉えることができるようになり、はっきりと自分の意見が言える市民として成長していったのです。

話し合いの可能性が見えてきた

悪夢のような強制立ち入り調査のあと、「育む会」と「エコミュージアム」は私たち地権者とともに土地収用法に基づく強制収用手続きの凍結を要望すると同時に、新道路案をつくって説明会を開催しました。もちろん、誰でも参加できる公開説明会です。この会の模様を報じた〈千葉日報〉は、「森林保全に配慮するだけでなく、宅地や蔵などの歴史学習の場としての機能も備えた同森の『一体性』を守る点に主眼を置いている」（二〇〇八年九月一日）という記事を書いています。ここで述べられている「一体性」とは、逆風を受けながら活動と学習のなかで「育む会」が得た共通の認識でした。山田さんが「会報」の第28号で「一体性」について書いています。

――「関さんの森」は、屋敷林、関宅の庭、梅林、農園、グランド（こどもの広場）、などの二・一ヘクタールの里山空間で、そこにはまた権現様、江戸時代の門（薬医門）と蔵、古木など

——も含まれ、こうした貴重な自然と歴史の財産を「大きなかたまりとして」残すことにこそ意味があるのだ。

山田さんによれば、「一体性」は次の三つで構成されています。

❶生態系の一体性——生物多様性を保証する意義
❷景観の一体性——里山としての一体性
❸利用の一体性——安全で多様な利用を保証する意義

さて、強制収用のための立ち入り調査という恐ろしい出来事があってから一か月ほどが経ったころ、事態が好転しはじめました。川井敏久市長（当時）が議会で、「関さんの森」側が提案した新道路案（つまり迂回案）は「検討に値する」と答弁したのです。

「新たな都市計画案が提示されたことは歓迎する。しかも、道路案は専門家と協議したものであり、十分に検討に値する」［〈千葉日報〉二〇〇八年九月六日付］

ようやく話し合いの可能性が見えてきました。「自然環境や文化遺産への影響を極力減らす」迂回道路案が実現に向けて一歩踏み出したかに思われましたが、もうひと悶着がここで起こったのです。

勇み足

「育む会」側は、なんとかこの話し合いを順調に進めたいと考えました。そして、話し合いを加速させようと、千葉県庁に迂回道路案の説明に行ったのです。県の理解を得ることができれば市側の対応を支援することにつながる、と考えたのです。でも、これがまずかった！　実に！

市側からすれば、「頭越しの折衝」と映ったわけです。しかも、「育む会」が県庁に残した資料の迂回道路案には松戸市に提出した道路案と異なる部分があって、これが市側を硬化させてしまったのです。その異なる部分は、迂回道路案に柔軟性を加えた結果生じたものです。行政側を配慮して柔軟性を加えたのですが、結果的には完全に裏目に出てしまいました。「育む会」と私による県庁訪問は、痛恨の「勇み足」となってしまったのです。

川井敏久市長は激怒し、「迂回路は白紙だ！」と不満を顕わにしました。それでも市長は、「支援団体とは話し合わない」が「関さんとは話し合う必要を感じている」とし、「関さんが求めれば面会する考え」〔〈東京新聞〉二〇〇八年一〇月一九日付参照〕があると言っていました。

私たちも、市長に面会し、誤解を解こうと懸命でした。しかし、どうしても面会がかなわなかったのです。いろいろな人が仲介しようと努めたのですが、面会は実現しませんでした。どうやら、市職員のトップ・クラスが壁になっていたようです。市長の思いをよそに、立ちはだかる強固な行政の壁はあくまでも高く、びくともしませんでした。その壁を誰も突き破れないまま時間だけが過ぎ、県収用委員会への採決申請の時期が刻々と近づいていました。

救世主登場

そこに救世主が現れたのです。先にも述べた、地元紙〈松戸よみうり〉の戸田照朗編集長です。戸田さんは不思議でならなかったそうです。

――関氏と「育む会」の人たちは道路を通さないのではなく、自然をできるだけ壊さない迂回道路案を代替案として提案し、関氏は市長に会いたいと言っている。他方市長も、「強制収用は極力避けたい。土地収用法の適用を避けるためにも、地権者の関さんと会うことは不可欠」だとインタビューに答えている。両者ともに会うことはやぶさかではないのに、なぜ会えないのか？

それならば二人を会わせようと、戸田さんは一計を案じました。「取材」という名目で、川井市長と関美智子の「二人だけの会談」をお膳立てしたのです。

二〇〇八年一二月三日、市長は一人で関家を訪問しました。関側も美智子一人で市長と会いました。妹の私でさえ同席していません。このとき市長は、関家の江戸時代から残る門や蔵を見たいと希望し、姉が案内しています。二人の会談は、「終始なごやかな雰囲気のなかで行われた」

と〈松戸よみうり〉［二〇〇八年一二月一四日付］は報じています。

記事によれば、「関さんの屋敷林は数少ない松戸の原風景として、また関家の思い出の染みついた場所として、道を曲げても残す価値がある。なくすには惜しい場所」と、川井市長は改めて評価しています。松戸市生まれの市長は、原風景のもつ価値を感じ取ったのでしょう。

こうして双方が話し合いを重ね、知恵を出し合い、迂回道路を造ることになったのです。この席で関家側が道路迂回案の改善案を提案し、それを松戸市が検討することになったわけです。

「育む会」にとってプラスの連鎖

直接対話の翌日、松戸市議会の一般質問で市長は地権者と会ったことを認め、新たな迂回案の検討に入ったと答弁しています。こうした流れを後押しするように、千葉県議会では一二月八日、堂本暁子県知事（当時）が「関さんの森」の道路問題について発せられた質問に答えています。「都市の環境はとても大事。森はどうしても残さなきゃいけない。市と県が協力して守られるように努力したい」［〈東京新聞〉二〇〇八年一二月九日付］

堂本知事は、「両者に話し合いを継続してもらい、良い方向に進むことを期待している。県として積極的にバックアップしていきたい」と力強いエールを送りました。また、一二月九日には、「関さんの森」応援団事務局長の安藤聡彦埼玉大学教授が、松戸市議会の議長と副議長に「松戸市長への有識者意見書」と「中村攻氏の要請文」などを渡して市議会の理解を求めていました。

そして、〈松戸よみうり〉に市長と関美智子との会談を報ずる記事が出たのが同月一四日です。「育む会」側は翌一五日に記者会見を開き、市長に提出した道路改善案を説明しています。

「育む会」の提案した迂回案（改善案）と市長案を調整して、最終案の作成に力を尽くしたのは中村攻千葉大学名誉教授でした。中村氏は、前々から独自に測量するなど、自然破壊を最小限にし、歴史的建造物（文化財）を壊さない道路の線形を懸命に模索していたのです。

基本合意書の締結

年が明けて二〇〇九年二月五日、関家と市（川井市長・当時）は、「自然や文化財を守るために直線道路だった計画を事実上変え、関さんの屋敷を迂回する市道を建設するという基本合意書に調印」しました。道路は、緑地と歴史的建造物を壊さないように、屋敷の外側を迂回することになったのです。この記事は、「迂回道路によって二・一ヘクタールの里山のうち約四分の三が残ることになった」［〈朝日新聞〉二〇〇九年二月六日付］と伝えています。

記事を書いたのは、この道路問題にずっと寄り添い、丁寧な取材を続けてきた園田二郎記者（朝日新聞松戸支局長）です。記事の終わりには、三者の気持ちがインタビュー形式で綴られています。

川井市長　サインをしてほっとした。関さんには一歩も二歩もお譲りいただいた。今後もさまざまな問題が起きるかも知れないが、信頼関係を構築して、新しい道づくりにまい進したい。

関美智子　長い道のりだったが、調印できてうれしい。行政、市民、地権者が一緒になって楽しい道づくりをして、自然を残し、未来の子供たちにプレゼントできたら、こんなよいことはない。

関　啓子　譲歩に譲歩を重ねたが、ひとかたまりの里山を残すことが出来たのは支援者のおかげ。市長の熱意にも押された。

この段階で、土地収用法の事務手続きは中断されることになりました。

さてその後、新設市道のために関家は道路用地を寄付することにしました。寄付にかかわる手続きは大変でしたが、市側が大いなる協力をしてくれました。合意書の締結後、関家に対応する市職員はまるで別人のように親切な対応になったのです（実際、担当者は別人でしたが）。区画整理組合の重鎮の一人が、「道路が通ることになり、区画整理組合も融資問題が解決してほっとしている」とのちに語っているのですが、道路問題の背後に焦げ付いた区画整理事業があるという読みは正しかったことが期せずして裏付けられました。これまでの「育む会」の活動を振り返り、中村攻氏（千葉大学名誉教授）が次のように語っています。

これまでは都市計画道路という魔物に対する防戦的な活動でした。これからは里山空間を縦横に活用した環境学習・教育・体験の創造的な活動が中心です。人間と自然がどのように共生してきたか、これからはどうするべきか、皆で考え新しい人間生活を作り出していく取り組みの空間を皆さんは手に入れたのです。そのためにこそ魔物とも闘ってきたのです。（中略）貴重な資源としての里山空間、それを開発から守り続けてきた関家の人々、それらを励まし続けた会員の皆さん、ありがとう。そしてこれからもよろしく。〔『関さんの森を育む会』会報第29号（二〇〇九年五月五日）二四ページ〕

前を向いて再び歩き出す

強制収用手続きが開始されてからというもの、「育む会」も私たち地権者も緊張と苦難の連続でした。自然を護りたい、未来の子どもたちに豊かな自然をこのまま残したい——こんなシンプルな願いがどうして実現できないのか、考えてみればとても不思議なことです。でも、「育む会」のメンバーと美智子の自然保護への熱意は、どんな苦境に立たされても揺らぐことはありませんでした。その都度、ポジティブに捉えて、問題解決の回路を懸命に探したのです。「育む会」の運動は、エコ・システムと歴史文化資源を護るという、価値観の転換を軸にした文化運動になっていました。新しい社会運動を理論化したトゥーレーヌ（Alain Touraine 1925〜）に従えば次のようになるでしょう。

「社会の対立は、経済的な要求をめぐるだけのものではなく、社会のあり方、どのような社会にしたいかの方向をめぐるものでもあります」〔杉山光信（二〇〇〇）二七ページ〕

「育む会」が発信し、自らの活動で表現する環境文化に共鳴する人びとはもとより、社会の望ましいあり方を具体化したい、少なくとも望ましくないあり方は止めたいと思う人びとも、劣勢にあえぐ「育む会」を放っておくことはできないとアクションを起こしました。「育む会」の会員ではない多くの人びとも、個人としてあるいは団体として立ち上がり、連携したのです。

里山をなんとしても護りたいという人もおれば、公共利用される里山の公共性を護りたいという人や、松戸市の強制収用という強引な手法は民主的でないと腹を立てた人もいました。見るに見かねて応援に駆けつけた人もいれば、国会議員や元官僚を紹介してくれた人もいましたし、マスコミに投書した人もいたのです。こうした人びとの気持ちとアクションによって、森の四分の三と、そこに生きる生きものたちの命がつながりました。まさに、市民の力が自然を救ったと言えます。

犠牲も出ました

道路問題は、新設市道建設が合意されたことで大きく解決に踏み出したのですが、残念ながら犠牲も出ています。シンボルツリーとなっているケンポナシと「こどもの広場」沿いに立つ大木、そして梅園のウメの木です。それらは、新設市道の道路用地に生育していました。姉の美智子は、樹木伐採に対する賠償金のすべてを樹木の移植費用として使うことにしました。とはいえ、樹齢二〇〇年のケンポナシはもとより、やはり古木の大木であるケヤキとエノキの移植は相当に難しい仕事となります。

それ以外にも、梅園が新設市道のために大きく削がれることになりました。梅園のウメの木は本数が多いので、移植先を見つけるのが大変です。移植先の土地を懸命に探して移植しましたが、道路用地内のウメの木すべてを救えたわけではありません。

伐採を急ぐ行政の職員に対して、「一日でも長く生かさせてほしい」と姉は懇願しました。ウメの木に結ばれた赤いリボンが風に揺れます。死刑を宣告されて執行を待つ木々です。思わず私は、「道路のために木を切るのではなく、木を殺すのだ」と言ってしまいました。これまで美しくも芳しく春の到来をいち早く伝え、また活動資金となる実をたくさん実らせたウメの木に対して本当にすまない——そう思った人は少なくなかったでしょう。

ケンポナシの移植

木の移植を担当したのは株式会社富士植木です。創業が一八四九（嘉永二）年という老舗の植木屋さんで、「艶友（えんゆう）」(9)のマークの付いた法被（はっぴ）がりりしい職人集団です。

移植チームが精緻に調査した結果、ケンポナシは古木であるうえに幹の中に空洞があり、クレーンで吊り上げる移植方法には堪えられないということが分かりました。そこで、なんと二年間をかけて、木を立ったまま移動するという、古くからある移植方法（立て曳き工法）がとられることになりました。二〇一〇年に半分根回しして発根促進作業を行い、翌年に残りの半分を根回しして合計二年間養生し、二〇一二年に移植するというものです。

それに先立ち、「こどもの広場」の脇に立つ大木のエノキ二本とケヤキ一本が、二〇一一年二月一日から二日にかけて引っ越しすることになりました。その一年前の二〇一〇年二月に根回しが行われており、新しい根が出るのを待っていたのです。根回しの際には根を切ることになりますから、職人が切り口に薬を塗って養生を施して発根を助けます。その手際、まるで人間を治療しているかのような優しさでした。

移植当日、仮設道路の上に鉄板が敷かれます。そして、その鉄板の上を、見たこともない大型車が巨大なクレーン車を積んでやって来ました。このクレーン車で二一・五トンもある巨木を吊り上げ、約三〇メートル離れたところに掘られた穴に移動するのです。

見学に集まった人たちが固唾を呑むなか、ふあっとケヤキが浮き上がりました。ユルユルと動き、一度止まってひと息入れ、またユルユルと移動していきます。見学に来た小学生の「がんばれー！」の声に励まされたかのように、ケヤキはスッポリと移植先の穴に収まりました。「育む会」のメンバーだけでなく、この広場で遊んだ子どもたちや大人たちが木の応援に駆け付け、みんな拍手喝采でした。同じ段取りで、残り二本のエノキ（二一トンと一一トン）が無事に移植されました。移植後、ぬかりなく給水作業が行われたおかげで、その夏の猛暑にもめげずに三本とも葉が繁りました。

さて、いよいよケンポナシの移植です。二年かけて丹念に養生された老木は、二〇一二年一月、前述したように「立て曳き工法」で移動することになりました。まず、木の周りを深く掘って直径五・五メートルの大きな根鉢をつくります。それを曳き車（台車）に乗せる必要がありますが、これがなかなか骨の折れるとても危険な作業です。乗せたあと、人力で曳き車に付いているロープを神楽桟というウインチで巻き取り、コロを用いて溝の中を移動させます。

（9）　宋の曽端白が一〇の名花を一〇種の友にたとえた言葉に「名花十友」があります。そのなかで、芍薬は艶友とされています。他は、酴醾とびを韻友、茉莉まつりを雅友、瑞香（沈丁花）を殊友、荷花（蓮）を浄友、巌桂（木犀）を仙友、海棠を名友、菊を佳友、梅を清友、梔子くちなしを禅友となっています。住所：〒102‒0074　千代田区九段南四‒一‒九　TEL：03‒3265‒6731

移植前のケンポナシ

ケンポナシの実

ケンポナシの花

神楽桟を回して台車を曳く

立て曳き工法でケンポナシを移動

ケンポナシの移動を終えて記念写真

大型クレーンで吊り上げて移植

幸谷小学校の子どもたちが応援

移植を終えたエノキとケヤキ

ピリピリと張り詰めた空気に現場が包まれました。ほとんどの人が、立て曳き工法など見たことがありません。そのせいでしょう、なんと三〇〇名もの見物客が訪れました。ケンポナシは古木のため根が少なく、根鉢が崩れやすいとのことです。作業する人も緊張の連続でしたが、ようやく準備が整い、参加者たちが神楽桟を回しはじめます。姉の美智子、「育む会」の面々、協力者たち、そしてそこには本郷谷新市長も加わっています。

順番に七〜八人ずつが神楽桟を何回か回して、バトンタッチします。この作業に参加した人数は一〇〇人以上にも上っています。本当にゆっくり、ゆっくりと、何十トンもあるケンポナシが二〇〇年もの間住み慣れた場所を離れ、約一六メートル移動していきます。四時間ほどかけて、移植作業は無事に終了しました。ケンポナシがゴールしたときには、割れんばかりの拍手が起こりました。

「ケンポナシ、お疲れさまでした。富士植木のみなさん、お疲れさま、万歳！」

これが、みんなの気持ちです。ここでは数枚の写真で移植の模様を紹介していますが、先述したフォトグラファーの大北寛さんが撮影した短編映画『関さんの森ものがたり』の「第2部　ケンポナシ移植」（YouTube）で詳しく描かれていますので、ぜひご覧になってください。

さて移植後、老木の樹勢は衰え、「育む会」のメンバーも大いに気をもみましたが、富士植木による定期的な点検と適切な処置のおかげで、二〇一六年には再びケンポナシが実を付けました。

「新居でもう一踏ん張りしてほしい！」と、関係者は祈るような気持ちで見守り続けています。

支援者への報告会

時計の針を少し戻しましょう。川井前市長と関家との間で迂回道路建設の基本合意書が調印されたのは二〇〇九年二月五日です。同月の二八日、「育む会」は支援者への感謝を込めて報告会を開きました。題して、「関さんの森スライド＆トーク」です。道路は完成していませんし、解決しなくてはならない諸問題もあるので「中間報告会」といったところですが、「育む会」にとってはとてもうれしい報告会となりました。開会に際して、姉の関美智子が述べた挨拶文を紹介しておきます。

「関さんの森スライド＆トーク」（2009年２月28日）

みなさまからのお力添えをたまわり、迂回道路が暫定道路として造られることで合意が成立し、強制収用が中断しました。本当にありがとうございました。

自然を守ることがいかに大変であるかを痛感した七か月でした。環境保護が叫ばれることもなかった約半世紀前につくられた道路計画の前では、環境立国を叫ぶ声など吹き飛んでしまいます。これが現実でした。

しかし、「関さんの森を育む会」の生きられた歴史は、意味をもちました。着実に、地道に自然を育んできた市民の努力は、環境教育の場を育て、ケアの場を保証し、憩いの空間をつくり出してきました。仲間の一人ひとりが持ち味を発揮し、公共利用の場を育て、拡げてきました。自然を楽しむ人の輪が、子どもから大人までを含み、大きくなっていきました。人が集い、育てた自然が人と人を結び、参加者の個性を輝かせました。

強制収用手続きがはじまってからは、生きた心地がしない毎日でした。日常生活がなくなり、毎日、息が詰まる思いでした。そうしたなかで、自然保護を重視する人びと、里山を守ろうとする人びと、市民参加のまちづくりを大切にする人びとが、多様な活動をしてくれました。署名活動、駅頭でのプレゼン、ポスターとチラシの作成と配布、専門家による代替道路案の作成など、「市民社会にふさわしくスマートに」をモットーに、多様な方々が知恵を出し、多様な活動に取り組みました。環境保護にかかわるグループのネットワークも大きな力になりました。運動に参加してくださった方々に、心からの感謝と敬意を表します。

マスコミも関心を示し、報道してくれました。テレビ朝日の「ワイドスクランブル」や「モーニングショー」、日曜日のお昼に放送されているTBSの「噂の東京マガジン」、日本テレビの「みのもんたのおもいっきりイイテレビ」、そしてNHK「ゆうどきネットワーク」です。マスコミの報道とたゆまぬ市民運動とが相乗効果を上げ、多くの方々が寒いなか街頭で署名してくださいました。テレビと新聞の報道関係者にもあつく御礼を申し上げます。マスコミの報道のおかげで、日本中から署名や励ましをいただきました。辛い毎日を過ごすなかで、市内・市外の人びとの温かな励ましに、どんなにか鼓舞されたことでしょう。

多様な方々が多様な方法で参加した運動スタイルは、現代社会の底力を感じさせるものでした。一九六四年に行政のつくった計画道路の変更には至りませんでしたが、迂回道路が暫定道路として造られるという基本合意に至り、多くの子どもたちのために自然環境を残したいといった父の気持ちも生かされ、ひとかたまりの里山が生き延びることになりました。

運動に参加した一人ひとりの方々の勝利であると思います。道路の詳細はこれから詰められますが、市長の言われる松戸の原風景を残す里山を、将来の子どもたちにしっかりと確実にわたせるように、引き続きみなさまの応援をお願い申し上げます。

里山を育て、残すことに貢献してくださったみなさまに、心からの感謝を捧げます。

姉の挨拶に続いて、「育む会」のメンバーが担当ごとに報告をしています。道路問題についてばかりではありません。里山保全について、農園の活動について、ウメの木の剪定作業についてなど、活動領域が多様ですからオールスタッフ参加の報告会でした。おしゃべりのうまい人も苦手な人も、みんな少し緊張しながらにこやかにプレゼンを行いました。陰になり日向になり、懸命に「育む会」を支えてきたたくさんの人びとが、その報告を聞いて笑顔で拍手を送っていました。

二〇〇九年四月六日から八日にかけて、行政は早速、新設道路のための測量と土質調査を行っています。そして同年九月一〇日、新設道路に関する覚書の調印が行われました。走行速度を落とし、ゆるやかなカーブの線形が確定したわけです。土地収用法に基づく裁決申請手続きは基本合意書の調印（二〇〇九年二月五日）によって中断されていましたが、これによってようやく取り下げられました。行政は、抜いた刀を鞘に収めたのです。

二〇一〇年には、前年から準備が進んでいた埋蔵文化財の調査が実施されました。その結果、多くの遺構と遺物が発見されています。ほぼ一頭分の馬の骨、生活物資、鉄砲の弾など、あまりにもたくさんのものが発掘されるので調査期間が大幅に延長されています。また、二〇一〇年九月には「幸谷城跡発掘調査報告会」が松戸市教育委員会によって現地で開催され、遺跡の状況や発掘された土器などが公開されました。二〇一一年六月にも遺跡調査見学会が開かれています。

二度開催された埋蔵文化にかかわる報告会では、専門家が行う説明に多くの人が耳を傾けました。これまであまり手がかりがなかっただけに、実際に遺物や遺構を目にすると、この地域についてのロマンがかき立てられます。

緑地保全のための覚書

二〇一〇年三月三〇日、新設市道の建設にあたり、市行政が緑地保全に協力するとした「覚書」と、用地引渡しおよび緑地保全についての「合意書」を、川井市長と関家の間で取り交わしました。道路工事の準備が整ったところで用地引渡しの合意書が調印され、緑地保全について市が協力するという内容が覚書に明確に記載されたのです。

この覚書を役所的に説明すると、松戸市と関家とが、「緑地保全を考慮した協働の道づくりを進めるために」、

埋蔵文化財発掘調査（2010年８月23日）

二〇〇九年二月五日に締結した都市計画道路３・３・７号線をめぐる基本合意書に基づく新設市道の建設にあたり、関家の緑地保全に関する松戸市の協力について取り交わしたものです。ちょっと回りくどい表現ですね。個別条項を少しだけ簡略化して示しておきましょう。多少、具体性が出てきます。

第一条では、松戸市は、関家の所有する樹林地を、（公財）埼玉県生態系保護協会の所有する樹林地と一体として、都市緑地法に基づく「特別緑地保全地区」の指定に向けて努力する、都市計画決定は平成二四年度末を目標とする、とあります。また第三条では、新設市道が主要幹線道路として、生活道路として機能することを確認したら、都市計画の変更に向けて努力する、都市計画変更は、概ね平成二六年度末を目標とする、と書かれています。そして第四条では、覚書の規定事項および新設市道の建設について検討するために、土地所有者および関係者並びに松戸市職員で構成する協議会を設置する、とされています。

この覚書には「育む会」側の主張した緑地の「一体性」が盛り込まれており、自然を未来の子どもたちにそのまま残すために有効となる特別緑地保全地区指定についても約束されていますから、関家と「育む会」の願いが反映されたものと言えます。

もう一つ注目すべきことは、行政が市民と「協働で」道路づくりに取り組むとされ、その協働のあり方も両者からなる「協議会」による、と明記されている点です。これは、民主的な手続きを約束した画期的な文書と言えます。実際、第一回「関さんの森緑地および新設市道建設に関する協議会」が二〇一一年二月に開催されています。ただし、第三条の都市計画道路の変更が行われないかぎり、一九六四年に決定された都市計画道路の計画線は消えないので、その計画線にかかっている土地は特別緑地保全地区とはなりません。

　これ以降、都市計画道路の変更が大きな鍵となりました。これがとんでもなく難しいことになろうとは、当時、誰も想像していませんでした。道路の安全と機能が確認されるのに約二年かかるという市職員の言葉を信じて、会員たちは道路のゴミを拾い、道沿いの緑を育てながら計画線の変更を楽しみに待っていたのです。

　覚書には「平成二六年度末を目途」にとありましたが、二七年度末になっても、二八年度末になっても都市計画道路の変更は行われませんでした。それどころか、スローテンポではあっても行政が協力的に取り組んできたかに見えた計画線の変更が、二八年度初めに突如覆され、元のもくあみとなって二年以上が経過しました。それまでの話し合いも、県と掛け合った市職員の努力も水泡に帰してしまったのです。

　今から思えば、鍵は「協働の道路づくり」という表現の「協働」にありました。協働が実体化するためには、対等な関係や信頼に基づく協力が重要です。しかし、実際には、行政側からすれば市民運動はやっかいなものですし、市民側からすれば、何度も行政に煮え湯を飲まされてきたので簡単には信じられないという気持ちがあります。事実、協議会は行政主導で行われ、覚書にあった約束の期日は大幅に遅れました。要するに、行政にとって、市民との約束を果たすことは本当にやっかいであったことが実証されたわけです。「協働」は、政策策定過程からスタートすればそれが望ましく、相互に負担感も実際的な負担も少ないものなのでしょう。残念なことに、本案件の場合はそうではなかったのです。

協議会では両者がいがみ合うこともあったものの、行政マンのなかには誠実に市民に向き合う人もいて、信頼も育まれていきました。約束履行が遅れている理由は県行政との交渉にあり、「計画道路の変更を、県の役人にまず認めてもらう必要があったために時間がかかっている」と市の職員は説明していました。

県に出す書類に必要となるデータを、「育む会」の木下さんなどが提供していました。このかぎりでは、「協働」も機能していたと言えます。ようやく県との関係ではもうひと息というところまで来たのですが、そこで思わぬ事態が起こったのです。

法律が改定され、道路計画の変更を事前に県の担当部署で説明し、認めてもらうという段取りが必要ではなくなったのです。市の行政部署で計画道路の変更案をつくり、松戸市の都市計画審議会に提案して認められれば、それで計画は変更される、となったのです。一見すると道路計画の変更が容易になったように感じられますが、そうではありませんでした。

ちゃぶ台返しが起こったのです。二〇一六年度の初めに担当者が代わり、新しい責任者は道路計画変更という課題を遂行するために、これまで市の職員が一度も問題にもしなかったし、説明もしなかった「歩道問題」を取り上げたのです。

具体的に言うと、新設市道の歩道の幅員が一部分約五〇センチ不足しているというのです。新設市道建設の際、歩道の線形と幅員は行政のトップと「育む会」のメンバーの前で決定されたのですから、新設市道が覚書に基づいて「都市計画道路３・３・７号」になるとき、車道も歩道もそっくりそのままであると「育む会」の全メンバーが思っていたのです。歩道を決定するとき、カントウタンポポの自生地を壊さないように、文化財の権現様の塚を崩さないように、と行政と「育む会」とで工夫したのですから。

役人によるちゃぶ台返しは、「協働」という美しい用語に秘められた危険性を物語っています。誰が社会をつくっているかに注目したトゥーレーヌ（一五八ページ参照）の「新しい社会運動論」に学べば、「協働」が「社会を共に生産する」という意味で実体化しているかどうか、そういう意味が行政と市民運動の間で成立しているかどうかが重要となります［牛山（二〇〇六）二六九ページ参照］。そうでないと、「協働」は市民が行政に代わって、負担ばかりを背負うことになってしまいます。実際、この歩道問題では、歩道を広げるためのさらなる用地の寄付を求められました。

行政と地権者が取り交わした文書の右端上に、道路構造図が小さく、本当に小さく書かれ、そこに車道と歩道の幅員（ふくいん）が書かれていたのです。歩道は二メートルとされていました。前述したように、市職員の誰一人として一度も協議会で言及せず、「育む会」と地権者にまったく説明をしなかった「二メートル」です。現行の道路構造令に基づけば、歩道には二メートルが必要とされます。覚書にある計画変更がこんなにも遅れたうえに、その間、行政は誰もこの点についてひと言も言及しなかったのです。説明責任をまったく果たさなかった、と言えます。

新設市道の歩道の幅員を行政のトップとともに決めたわけですから、その通りに計画変更されると信じて疑わなかった地権者と「育む会」は、あまりにも行政を信頼しすぎていたことを改めて知ったのです。専門家しか分からない図とはいえ、歩道の幅員は書かれていましたから、市民をだましたわけではないという言い訳はできるでしょう。でも、事業者側の説明責任は「分かりやすい」ものでなくてはならないはずです。「分かりやすさは、事業者側の果たすべき重要な責任である」、と桑子敏雄氏は指摘しています。また、「提供すべき情報を突然告知すること」は、「合意形成プロセスにおいて倫理的に非難される」と明確に桑子氏は論じています。(10) このように、桑子氏に学べば、この歩道問題で行政は実に非倫理的な行動を取ったと言えます。

行政は、最後の刃を私たちに向けました。覚書通りに計画変更をしたいのなら、歩道用地を寄付するしかないというわけです。結局、覚書の実現を託して、私たちは歩道の幅を広げるために土地を一・六三平方メートル寄付することを決意しました。自然保護と市民による緑地の公共利用のために都市計画道路の線形を変更するという、日本の道路建設史上において稀となる事例を、さらなる緑地保全に何としてもつなげたかったのです。

地権者と「育む会」側は行政に対する信頼を失いかけていましたが、「育む会」と私たちの気持ちを、我慢強く行政に何度も何度も説明した人がいました。「景観市民ネット」の大西信也さんです。大西さんは、行政側の意思の動きについて私たちに説明もしてくれました。道路問題の解決は画竜点睛を欠く（都市計画道路線にかかる緑地の特別緑地保全地区指定を諦めざるをえない）かに思えたのですが、大西さんの自然保護への熱意と粘り強い働きかけによって、行政側もその熱意にこたえるようになり、説明責任に関しては担当部長名のお詫びの一文

(10)　桑子敏雄『風景のなかの環境哲学』東京大学出版会、二〇〇五年、二二六〜二二七ページ。

寄付をしたことで広くなった歩道（撮影：木下紀喜氏）

コラム　「関さんの森」をもっと著名にして未来に遺したい（武笠紀子）

「関さんの森を育む会」がはじまったころは、それなりに深い森でした。しかし、東南側隣接の土地区画整理事業地に赤道（あかみち）が組み込まれたこともあり、森の縁の大木が10本ほど伐採されたほか、森の枯れた大木を何本か伐採したためにすっかり明るい森に変わりました。竹林の整備も進み、周辺農地が住宅に変わり、道路が通ったことで植生や生態系は変化しましたが、「関さんの森」は健在です。

経済成長時代、森は「未利用地」と呼ばれ、開発されるべきものとされていました。それゆえ、関さんの固い意志があっても「関さんの森」をずっと遺していくというのは大変な事業でした。しかも、都市計画道路が両側から迫ってきて、市が何度も説得に来たのです。しかし、実は、市水道局の配水池が道路用地にかかっていて、その移転先を所有者が耕作していたために道路を造ることができなかったのです。その方が亡くなられて配水池が移転し、道路建設が可能になった途端、市の姿勢が積極的になったのです。

要するに、長い間にわたって道路を止めていたのは「関さんの森」ではなく、「市の水道局」だったのです。「関さんの森」が道路を止めていると噂されてきましたが、約１年の話し合いにおいて決着しています。配水池の上に都市計画道路線を引いていた市に責任があることを、ここで明らかにしておきます。

また、公の地図には昔のまま「こどもの森」で載っていましたので、名称を変えてほしいと要望しました。「こどもの森」は地図から消えましたが、「関さんの森」を載せることは断られました。民間施設の名称は「著名なものだけ」という規定があると言うのです。今、民間の地図には「関さんの森」が載っていますが、公の地図に載るくらいに著名にするため、諦めることなく「関さんの森著名化計画」を続けていきたいと思っています。

を入れてもらって両者の歩み寄りが実現しました。

また、民主的な行政手続きの具体化を求めた市会議員の尽力もありました。建設部長は、説明責任が果たされなかったことを認め、第一四回協議会（二〇一八年一〇月一八日）の冒頭、地権者と「育む会」への感謝という形態で「謝罪文」を読み上げ、地権者と「育む会」にその文書を手渡したのです。


都市計画道路の変更が決定されました！


ようやく都市計画道路の変更が決定しました。二〇一九年五月三一日、松戸市の都市計画審議会が開催され、都市計画道路3・3・7号線の線形変更が決りました。川井元市長と結んだ「覚書」（二〇一〇年三月）がようやく実現することになったのです。「覚書」では、計画道路の変更は「平成二六年度末（二〇一五年三月末）を目標とする」とあったので、遅れること四年、ようやく「覚書」が実現されることになったのです。

新設市道が、晴れて都市計画道路3・3・7号線となります。と同時に、旧都市計画道路用地が特別緑地保全地区に組み込まれることになります。これも先の「覚書」において約束されていたことです。

前述したように、自然を残すために迂回路の新設市道が造られたわけですが、幹線道路としても、生活道路としても安全に機能しているにもかかわらず、これまで計画道路線は消されないままでした。線上の土地は、用途の自由を奪われたまま、税金の対象になっていたのです。二〇一八年、松戸市の都市計画審議会では、都市計画道路の変更に反対する議員に対して、「市民の私権をむやみに長く制限するのは望ましくない」と行政側が発言したほどでした。

長い、長い道のりでした。市民が育んできた自然環境が道路計画によって脅かされ、ついには強制収用によって破壊寸前まで追い込まれていました。どうにか強制収用手続きが中断され、ついに中止されたのは、自然保護を願う市民の声と活動によってでした。

環境保護を求める国際世論がどんなに盛り上がっても、日本においては、公共事業としての道路建設は揺るがぬ最優先事項であり続けてきました。都市計画道路は変更しない、公共事業は見直さない――これが、道路国家日本のこれまでの姿でした。それだけに、「関さんの森」を護るための都市計画道路の線形変更は、わずかに迂回するだけですが画期的なことと言えます。

都市計画道路変更の先行事例は本当に少ないのですが、そのなかの一例を紹介します。それは、奈良県宇陀市の道路線形変更です。宇陀市松山伝統建造物群保存地区内の伝統的建造物（特定物件）への影響を避けるために線形が変更されています。いずれにしても、ようやく自然や文化財を護るために、都市計画道路の線形や幅員（ふくいん）が変更されるようになったことは喜ばしいことです。とはいえ、その事例があまりにも少ないという現実に対しては残念な気がします。

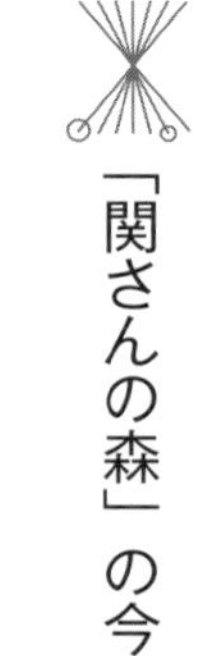

「関さんの森」の今

「関さんの森を育む会」（代表・武笠紀子）と「関さんの森エコミュージアム」（代表・木下紀喜）はますます活動の幅を広げ、進化を続けています。すでに説明した「育む会」の諸活動を思い出していただきながら、ここでは新たに着手した活動について紹介していきます。

活動の新たな展開

少し時計の針を戻して、新設市道の開通（二〇一二年）から都市計画道路変更（二〇一九年）までの「育む会」と「エコミュージアム」の活動を紹介します。

「育む会」のメンバーは、新設道路の開通を前にして、少しでも気持ちよい道路にしようと想像力を働かせました。短い距離であっても緑のなかを車が走れたらいいなーと考

かつての「子どもの広場」（現、エノキ・クヌギの森）

え、新設道路の植樹帯にスイカズラやテイカカズラ、ビナンカズラなどのツル植物を植えることにしました。

二〇一二年七月、付近の小金南中学校の生徒たちや道路工事業者などの協力を得てツル植物を植樹しました。工事業者である上国興業は、苗木五五〇本とガードパイプを寄付してくれました。市民団体、事業者、学校、そして行政の共同活動として植樹が行われ、その開始にあたって、市の道づくりの担当者が挨拶を行っています。

その年は猛暑で、いかにツル植物が強いとはいえ水やりが必要となりましたが、「育む会」のメンバーが夕方に集まっては給水活動に取り組みました。その甲斐あってツルは生き延び、現在でも元気に繁茂しています。さらに両脇の緑を増やそうと、道路を挟んで「実りの森」と「クヌギ・エノキの森」を育てています。ケンポナシの若木も、クヌギ・エノキの森に移植しています。

二〇一二年九月二八日、新設市道が開通しました。「育む会」では道路の安全を呼び掛ける看板を手づくりし、要所に立てることにしました。また、残念なことに道路沿いにゴミを捨てる人がいるので、メンバーは時間を見つけてはゴミ拾いを続けています。また、クヌギ・エノキの森の付近では、ドングリを集めるほか道の落ち葉も掃いています。

道路沿いには、木製のベンチを備え付けました。道行く人が、ひと休みに、おしゃべりに、待ち合わせに、そしてお花見にとよく利用しています。ベンチに座ると、真正面に満開の百年ザクラやツツジを楽しむことができるのです。そのほか、道路を挟んだ緑陰にも手づくりベンチを据えました。夏、涼をとりながらひと息入れるのに最適なので、よく利用されています。

　新設道路が造られると、交差点近くに空き地ができました。そこに花壇を造ろうと、「育む会」の妹分のような会が生まれました。「すずくさの会」と言います。空き地を花壇に造り替え、季節にあった花を植えていきます。車で通ると一瞬で通り過ぎてしまうような小さな花壇ですが、バスやタクシーの車窓から見える四季の移ろいは心を和ませてくれます。これも、市民の手によるまちづくりの一環です。

　このように、道路ができたことによって「育む会」の活動が増えました。もちろん、里山保全活動も続けています。ボランティア養成講座の卒業生である森林インストラクターの黒岩晶さんが加わって、竹林の整備なども一段と進みました。

「育む会」は里山保全の団体として生まれましたから、作業班の活動が会の原点となっています。まず、安全対策と近隣住民への配慮です。屋敷林の折れた枝や危険な樹木の調査と整備、そして除去に取り組みます。地上一〇メートルの高さの枯れ枝も自力で処理します。ロープを張って落としたり、木に登って取るという危険な作業がたくさんあります。木下さんを中心に黒岩さんたちが力を結集して、ほとんどすべて自力でこれらの作業を行っています。

　屋敷林や庭、そして周辺道路の清掃活動も重要です。見学者が多いために、この作業も欠かすことができません。森の中に設置されている手づくり木道の補修も定期的に行っていますし、防腐剤の塗布作業もあります。また、竹林の整備もしなければなりません。利用価値の高い竹ですが、増えすぎると近隣住居の塀にかかる場合もあり、除去しなくてはならないのです。竹を伐採し、運ぶのは結構な重労働ですが、女性メンバーも参加し、助け合いながら取り組んでいます。さらに、イベントには「作業班」の参加が不可欠となっており、火おこしや竹の食器づくりなどで活躍しています。

梅林についても説明しておきましょう。ウメの木の剪定から、剪定された枝の処理まで行っています。もちろん、草刈りもとても大事な作業となります。二〇一七年に自走式草刈り機を購入しましたが、なんと、それを収納する小屋までも手づくりで建ててしまいました。

なんとも言いようもない多様な技と能力をもつメンバーたちです。「関さんの森」は、これらのメンバーによる活躍によって健康を維持し、見た目も気持ちよく、近隣住民との関係も良

湧水池の整備（2011年１月16日）

好であり続けることができています。作業班の活動は、滝本彰さんによって「『関さんの森を育む会　作業班』の活動」という報告書にまとめられ、現在は年に二回、会員に対してメールで配信されています。そこに掲載されている写真から、苦労と達成感、そして楽しさが伝わってきます。

「エコミュージアム」の今①——古文書の会

前述したように、二〇〇八年一二月に「古文書の会」が発足しています。すでに一九六点に上る関家の古文書が市立博物館に寄託されていますが、関家の二つの蔵にはさらに多くの古文書が、すっかり埃をかぶった状態で残されていました。「育む会」の会員と地域史に関心の深い人びと、くずし文字が読める人びとが集まり、古文書の調査がはじまりました。調査作業は、文書の保存状態の調査、文書の目録作成、目録化された文書の内容分析、文書の保存・管理・活用、の順で取り組まれました。

二〇一〇年二月から社会史研究者の渡辺尚志さん（三五ページ参照）から指導を受けるようになり、調査研究も本格的になりました。五年間で整理された保存文書の数は三五〇〇点を超え、調査と研究の成果は、一〇〇ページで紹介したように、タウン誌の〈月刊新松戸〉に「関さんの蔵通信」として連載されています。読者の反応もなかなかよく、会への参加者も一人、二人と増えています。

二〇一三年一一月一七日、「古文書の会」は単独で講演・報告会（幸谷ふれあいホール）を開催しました。六五名の方が訪れた会場は早々に満員となり、大盛況でした。地域の人びとの関心の高さが分かります。このような反応によって、「古文書の会」のメンバーは大いに勇気づけられています。この報告会で渡辺さんが「江戸時代の村と関家文書」と題して語ったのですが、それによると、江戸時代の百姓は武士に支配された貧しい人びとという常識とは異なり、名主・組頭を中心に共同体としてまとまり、農作業の合間に俳諧や生け花を嗜んでいたということです。

面白い文書として、「諸薬妙方」というものがありました。関家は医師の世話をしていたようで、その医師から伝授された薬の調合法が記されているのです。数少ない医師を支援することで、当時、関家の当主は自衛的に村民の健康を守ろうとしていたようです。

一方、二〇一三年の「育む会」の会報に寄稿した田引勢郎さんによれば、関家は長く幸谷村の名主を務め、明治初期には村長もしていたと言います。そのためでしょうか、年貢割付帳、年貢勘定目録、不作の際の減免願、普請、寺社修復などにおいて村にかかる負担の割り当てなどが書かれた公的文書も数多くあります。そのほかにも、私的な文書、書簡や各種書物、道中記、双六などもあり、当時の農民の暮らしぶりや文化を知ることができます。

また、百姓も教養と文化を大事にしていたことが関家の蔵に保存されていた書籍から分かるとも言います。「古文書の会」の伊勢眞志さんによれば、江戸時代には出版ブームがあり、蔵には「仏教・神事関連のものから、道徳や礼儀作法に関する教養書、手習い教科書、国語辞典や実用書、あるいは各地の名所案内・地図、歴史物語や当世物の娯楽本まで」、刊行年代の分かるものだけでも約九〇冊も遺されていたと言います。(11) そして、「庭訓往来（ていきんおうらい）」という定番の手習い本の裏表紙には関家三代目の書き込みがあり、「勉強ぶりが偲ばれます」と伊勢さんは書いています。

第2章で紹介した渡辺尚志さんが著した『殿様が三人いた村――葛飾郡幸谷村と関家の江戸時代』は、読者に江戸時代の百姓像を一変させました。百姓の毎日の暮らしぶり、藩主などの権力者と百姓の関係、藩主から課せられる辛い義務はあるものの、精いっぱいの知恵で自治的に乗り越える名主のリーダーシップと百姓の連携、土地への思いと共同体を大事にする無年季的質地請戻し慣行(12)などが分かりやすく実証的に記述されており、百姓の自助・共助が貫く村の生活が描かれています。

また、旅日記に残る旅行の模様や俳諧や生け花などの趣味活動があったことも分かるほか、百姓の暮らしの全体像が伝わってくる内容で、一気に楽しく読める本となっています。地元の書店

---

(11)〈月刊新松戸〉二〇一九年六月、480号、二六～二七ページ参照。
(12) 早い話、借金を返せず、質流れになった土地でも、何年経っていても元本を払えば借手に戻るという、今では夢のような慣行のことです。

ではいまだにベストセラーを続けているこの本、是非読んでみてください。

「エコミュージアム」の今②――門と蔵の再生事業

一七八五年に建てられた関家の茅葺きの母屋は、同じ位置に、間取りなどを可能なかぎり同じにして一九八六年に建て替えられています。一方、蔵や門、木小屋などの建造物はほぼそのまま保存されていて、建造物群全体が東葛地区の農家のありようを示す歴史資源となっています。

道路問題が勃発した二〇〇八年一〇月に伝統技法研究会の専門家（一〇名）が蔵と門の調査をし、建物の歴史的文化的価値を明らかにしていますが、二〇一六年からは千葉県建築士会地域貢献活動センターの支援を受け、保存の観点から「エコミュージアム」に参加する地元の建築士のみなさんが時間をかけて、詳しい学術的な調査を実施しています。

母屋の横手の「脇な蔵」と門脇の「新蔵」には古文書が保存されていましたが、もう一棟の「雑蔵」には民具や生活物資などが保存され、梅干や味噌が蓄えられていました。また、枯れたり、倒れたりした森の木を製材した材木も保存されていました。これらは、改築する場合や補修をするためのものです。

門は、乳房のような飾りがついた薬医門です。建物の保存方法を指導しているのは、前千葉県文化財保護審議会委員の丸山純さんです。丸山さんが年に三回開いている学習会では、「エコミユージアム」のメンバーと建築士グループが集い、ともに学んでいます。ちなみに、建築士グループのリーダーである田口広司さんは、三代にわたって「関さんの森」の訪問者だと言います。かつて遊んだところが、今は研究の場となっているのです。森がつなぐ「人の縁」というものを感じてしまいます。「エコミュージアム」の代表である木下紀喜さんは、その目的を次のように語っています。

「建物群や蔵に保存されている生活用品等を調査し、それをもとに建物群と周辺の屋敷林・農園を一体として整備し、これらを市街地に残された里山の貴重な歴史遺産として、将来市民の利用に供しようとするものです」〔〈月刊新松戸〉第59号、二〇一七年二月号〕

今、「エコミュージアム」の活動は、未来を見据えて確実に前進していると言えます。

特別緑地保全地区の指定を受けました

念願となっていた「幸谷特別緑地保全地区」の看板が立ちました。

屋敷林全体の約一・一ヘクタール（一九九五年、埼玉県生態系保護

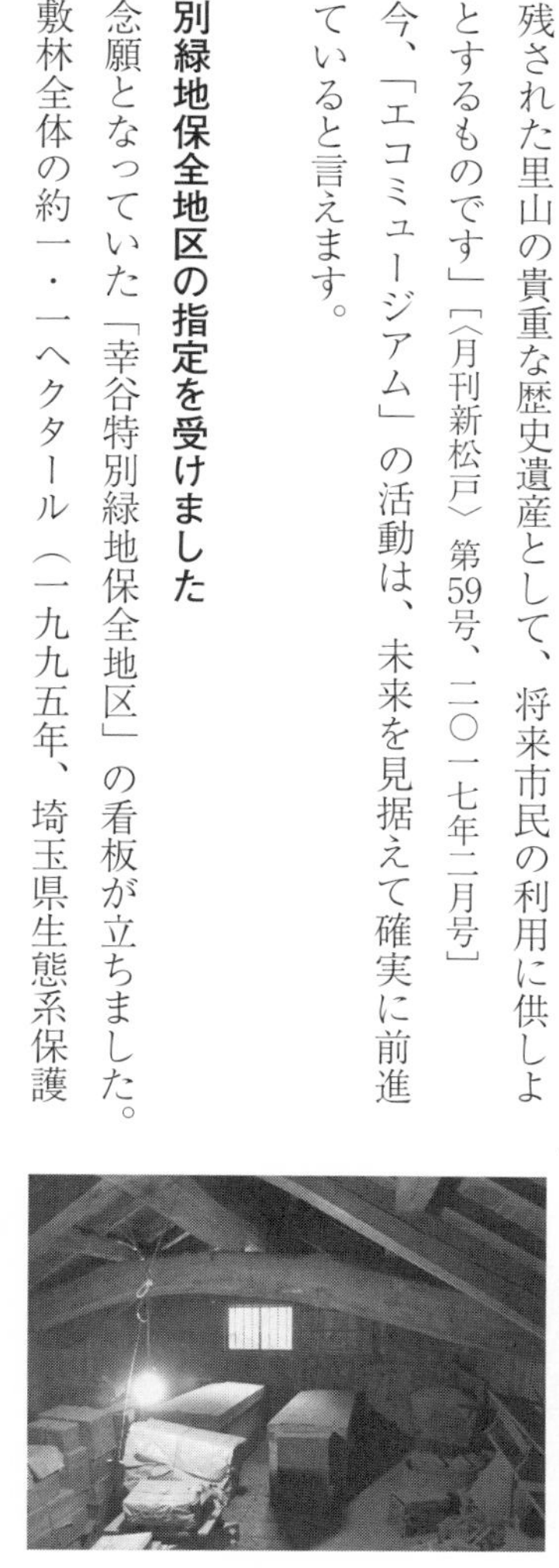

新蔵の内部

雑蔵（左）と薬医門（右）

協会に寄付した部分）と屋敷内の緑地約〇・四ヘクタール、合わせて約一・五ヘクタールが、二〇一三年三月一五日に都市緑地法に基づく特別緑地保全地区に指定されたのです。松戸市と関家が交わした「覚書」の第一条が実現されたわけです。

都市部において緑地のまま自然を残す最良の方法として選択されたのが特別緑地保全地区指定です。土木土建都市である松戸市では、自然を守るためにもっとも有効な方法と言えるでしょう。この指定によって関家は開発行為ができなくなり、所有しているその土地は金銭的な価値を喪失することになります。言うまでもなく、緑地のまま残すことが義務づけられたからです。このことについて、姉の関美智子は次のように言っています。

「この方法こそが、一〇〇年、二〇〇年先まで緑地を緑地のまま残し、将来の子どもたちにプレゼントする最良の方法ではないかと考えて、あえて指定を求めました」

「覚書」のうたう都市計画変更が都市計画審議会の通過によって、計画道路線上の緑地が特別緑地保全地区に加えられ、特別緑地保全地区の面積が一・五ヘクタールから一・七ヘクタールに拡大することになります。つまり、将来も保全される緑地が増えることになるのです。そして、やっとの思いで、二〇一九年に特別緑地保全地区の拡大が決定しました。

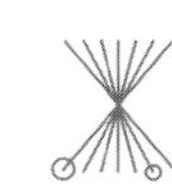

「育む会」が成人式を迎えました

「育む会」の設立二〇周年を記念して、「関さんの森から未来への伝言」というシンポジウムが、二〇一六年一一月六日に流通経済大学新松戸キャンパスで開催されました。二年前から記念行事のイメージを膨らませ、一年前から具体的に準備していたものです。

会場担当の竹林清さんは早くから会場の予約をするなど丁寧な段取りをし、記念シンポジウムの責任者である木下さんは報告者と密に連絡を取り合い、配布資料などを入念に準備しました。シンポジウム当日、メンバーは受付や資料配布などで忙しく立ち働き、滞りなくイベントが進むように気配りをしています。

シンポジウムは「育む会」の代表である武笠紀子さんの挨拶ではじまり、関美智子が、森を育て、森を護った人びとに心からの感謝を述べました。サプライズもありました。会場にたま

設立20周年記念シンポジウム（2016年11月６日）

たま居合わせた川井前市長がシンポジウムに飛び入り参加したのです。川井氏からの祝辞に会場全体が沸きました。森を救うことにつながる対談を実現した二人が、久しぶりに祝いの場で顔を合わせたのです。そのあと、司会を務めた川上将夫さんが本郷谷現市長から送られてきた祝電を披露しました。

このシンポジウムでは、池谷奉文氏（日本生態系協会会長、埼玉県生態系保護協会会長）が「都市の緑を守る」と題して基調講演を行っています。池谷さんはトラスト運動に尽力していますが、鳥の獣医としてもよく知られている人物です。なぜ天然記念物のサギが絶滅へと追いやられるのか、なぜ自然は守られないのかと問い続けて、自然保護への道に入ったと言います。池谷さんは、明治以来の経済優先政策を厳しく鋭く批判して、次のように語っています。

「森を守るというだけでなく、自分の街は自分たちでつくるという考えをもつことが重要だ。その点、『関さんの森』を守っている人たちは、市民として最先端の人たちだ」

講演に続くセッション「関さんの森を育む会二〇年の歩み」では、山田純稔さんが森の生きも

東葛合唱団はるかぜ（2016年11月６日）

のたちをスライドで紹介したほか、時系列に沿って、武笠紀子さんが道路問題について説明もしています。

出席者の多くが感動したのは、「東葛合唱団はるかぜ」のコンサートです。指揮者の安藤由布樹さんが「関さんの森にはずっと心を寄せてきた」と語り、曲目を紹介しました。宮沢賢治の「雨にも負けず風にも負けず」、沖縄の小学生が詩を書いた「平和って素敵だね」と「いのちの歌」、そして「関さんの森の歌」です。創作ミュージカル「幸せ谷いのちの森物語」のなかで演奏された曲に中村健司さんのコカリナの伴奏も加わり、森のイメージが膨らんできます。「関さんの森の歌」を聴くと、指揮者の安藤さんと合唱団の森への想いと愛がしみじみと伝わり、聴く者の心がぽっ、と温かくなります。ふと横を見ると、うっすらと涙を浮かべている人がいました。

最後に行われたのがミニ・ディスカッションです。コーディネーター兼司会の安藤聡彦さん（埼玉大学教授）と大西信也さん（景観市民ネットワーク）、そして「育む会」を代表して木下紀喜さんが加わり、「育む会」の現在と未来を語り合いました。時折笑いが交わるほど和やかに盛り上がり、心地よい余韻が残ったことを覚えています。

つつがなく記念行事は終了しています。自然保護を願い、活動する人びとと応援する人びとの気持ちが一つになった「育む会」の成人式でした。

第7章 市民力が自然を救う

「育む会」の市民力が里山を救いました。前章で見た里山保護運動の事例に基づいて、本章では、「市民力」はどのようにして形成されるのか、また「市民になる」とはどういうことなのか、そして現代社会における「新しいコミュニティ」とは何か、といった問題について考えていきたいと思います。

強制執行に「待った！」をかける

すでに都市計画が決定された道路の線形を変えて、市民が求める新しい市道を造るようになるまでにはかなりの努力を必要としました。計画道路の建設というだけで行政には理があるのです。

しかも「公共事業」であり、行政には道路づくりの専門家集団の部署が設置されていますから、その正当性を立証する「理屈」で武装したうえで市民に「ご理解」を求めてきます。「ご理解を得たい」という、このいささか慇懃無礼な表現が彼らの常套句となっています。この論法に「待った！」をかけるにはどうしたらいいのでしょうか。

エコロジーとフェミニズムの観点から社会問題に切り込むイギリスのメアリ・メラー（Mary Mellor, 1946～）は、環境問題の根本的な原因を追究するなかで「人間のコミュニティと自然界の間」に引かれた境界線に気付きました。(1)

彼女によれば、境界線を引いているのは「支配」です。経済システムの支配や知のシステムに対する科学と技術の支配、さらには人種、文化、エスニシティ、そして性の分割による支配だと言います。これを道路問題に置換すれば、権力をもつ行政が科学の知識を借りて正当化した、自然環境か開発かという問いへの答えとしての道路建設ということになります。

やっかいなことに、この境界線は私たちの心の中にも引かれているとメラー氏は言っています。再度、道路問題に置き換えれば、開発優先の発想や、道路は経済発展に貢献し、何らかの利益をもたらすという考え方が「常識」になっているということです。だから、一般の人たちが道路建

（1）　メアリ・メラー『境界線を破る！』壽福眞美・後藤浩子訳、新評論、一九九三年参照。

設反対派を「悪者扱い」（もたらされるはずの利益を邪魔する者と批判）する場合が出てくるのです。つまり、道路建設に「待った！」をかけるということは、この常識的な考え方に異議を唱え、その常識に亀裂をつくるということになるわけです。

道路を建設する側（行政）は、「経済発展」のために里山は道路用地になるべきで、道路工事には優先するだけの価値があるという立場をとります。一方、里山を保全し、緑地を教育やケアのために活用してきた市民グループからすれば、里山の自然保護と公共的利用にこそ価値があるということになります。だから道路建設は、里山の保全活動をしてきた人からすれば、生き方や価値観が否定されたことになります。大げさに言えば「存在否定」ということです。保全活動をしている人びとにとっては、里山は自己の存在証明の拠点であり、言葉にできない特別の意味があり、愛着のある緑地なのです。

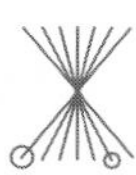

環境文化のせめぎあい

日本では土木公共事業が何よりも優先され、開発行為がさまざまな環境問題をつくり出してきました。(2) 行政やディベロッパーなどの道路建設利益ブロックがつくり出した「常識」とされる見方で環境と人間との関係を考えると、里山を守ろうとする存在は進歩的な開発に逆らう「おろかな人びと」となりますから、啓蒙する対象者となるのです。ただ、ストレートに「あなた方は啓蒙の対象者です」とは言わず、「少しは利巧になりなさいね」と、行政は「ご理解」を働きかけるわけです。その意味で言えば、開発か自然保護かの論争は、自然と人間との関係のあり方、換言すれば環境文化をめぐるせめぎあいとなるのです。

環境問題も、道路問題も、人間の自然とのかかわり方の問題であると考えると、対立関係はこれまでとは違った様相を呈しはじめます。ある集団が、これまで育んできた自然に対するかかわり方（里山保全）という日常的な文化が外部の力によって侵食されることで、その文化はもはや自然なものではなくなり、むしろ政治的な問題としてクローズアップされることになります。[3] こうした政治的な問題とどのように向き合うかについては、歴史が教えてくれます。参考になるのは、文化の侵食に対抗する「カルチュラル・スタディーズ」[4] です。同名の本を著している吉見俊

（2）日本の状況を活写した『犬と鬼―知られざる日本の肖像』（アレックス・カー、講談社、二〇〇二年）や、理論的・歴史的に日本の開発について論じた水内俊雄の「開発という装置」（栗原・小森・佐藤・吉見編『越境する知　4　装置：壊し築く』東京大学出版会、二〇〇〇年）を読まれると、その経緯などが詳しく分かります。

（3）吉見俊哉編『カルチュラル・スタディーズ』講談社、二〇〇一年、一八ページ参照。

（4）（Cultural studies）二〇世紀後半にイギリスの研究者グループの間ではじまった、文化全般に関する学問研究の潮流のことです。単にアカデミズムだけでなく、文化・芸術の知見を領域横断的に応用しながら、文化にかかわる状況を分析しようとするものです。

哉氏が次のように述べています。

「（前略）複数のぶつかりあう声へと文化やアイデンティティを開いていく実践を担うのは、その文化のなかでヘゲモニーを握っている人々よりも従属的な立場に置かれている人々であることの方が多い」〔吉見（二〇〇二）一〇ページ〕

さらに吉見氏は、「文化批評やマルクス主義が、労働者階級の成人教育という極めて実践的な現場に媒介されて」〔前掲書、四三ページ〕カルチュラル・スタディーズが誕生したことは示唆的であるとし、従属的な労働者階級の間でどうしても必要になったのがマルクス主義的な批判理論とエスノグラフィックな記述の結合であり、それによって学びの理論と方法が創造された、と述べています。

ちょっと難しい表現ですが、市民力を高めるためには非常に重要なことです。なぜなら、道路問題のように、行政側の政策が唯一正しいとなるような問題の立て方、言い換えれば強制収用が肯定されるような問題の立て方に従うかぎり、環境重視派の市民は防戦一方となって活路を見いだすことができないからです。端的に言えば、固定化された既存の考え方に縛られているかぎり、自然保護派の「負け」は決まっているというわけです。

そこで、先ほどのカルチュラル・スタディーズを思い出してみましょう。大衆文化をはじめとしたさまざまなフィールドが労働者階級の日常的な実践のなかから「学び」という実践を立ち上げる場となった〔前掲書、四四ページ〕ように、環境保護運動というフィールドも、既存の体系的な知を専門家から学習するだけでなく、一般人の学びを可能にする「対話の場」となるのです。

小学校から大学までの制度的な学校教育を受けてきた人であれば、伝統的なアカデミズムに則った知識学習がどのようなものかは知っています。そして、吸収した知識の量によって、「エリート」と「そうでない者」という区分けが行われてきました。私自身、大学教員を務めてきましたから、アカデミズムに沿った既存の知識を否定するつもりはありません。ここで強調したいことは、それらを活用しながらアカデミズムから自由になって、エリート区分けとは関係のない知識および知識のつながりを開発する必要がある、ということです。そのために私たちはどうすればよいのでしょうか。次節で見ていくことにします。

自然保護派の学び

市民としての成長

これまでに紹介してきた「関さんの森を育む会」は、五〇年以上も前に計画された都市計画道路の再燃によって窮地に陥ることになったわけですが、その窮地を脱して、反転攻勢に移る契機となったのは、道路の代案づくりの加速化と精緻化でした。このことは、紛れもなく里山保全運動に携わる「市民力」のバージョンアップにつながりました。ここでは、市民力が高まる学習・成長の過程、およびその学習方法に注目します。

何もしなければ、十数年かけて培ってきた環境教育とケアのゾーンが道路建設によって壊滅的な被害を受けることになり、江戸時代より残る歴史的建造物を含む景観も破壊されることになる。安全な道路を造りつつ、同時に子どもから高齢者に至るまでの学習とケアのゾーンを維持し、歴史的・文化的な景観を残すことができないか――このように「育む会」は考えました。そこで、道路の代替案をつくることによって里山を護るという課題に取り組むことにしたわけです。

どのような取り組みをメンバーは行ったのでしょうか。その特徴を挙げてみましょう。

第一は、当事者参加型のアクションリサーチです[5]。メンバーが自覚していたかどうかは分かりませんが、「育む会」にはアクションリサーチを実施する人たちがいます。林野庁で活躍した森林管理の専門家や高校教師などです。彼らは、里山保全にとって状況改善が必要になると、問題を設定し、状況を診断したうえで解決へのプランを立て、実際に活動を行いました。もちろん、その活動結果の評価も行い、成果と反省を次の活動プランに生かすといった方法をとったのです。

さらに、外部から専門家を招き、アクションリサーチ（コンサルテーション、カウンセリング）を実施することもありました。こうした過程で、里山保全に必要となる情報が収集され、課題解決のための知識が紡がれていったのです。

「育む会」のメンバーは、課題によっては自らの知識のなさを認めたうえで行動を起こし、必要となる知識をもった人びとを取り込んでいきました。これらについて、少し詳しく説明をしておきましょう。

かつて行政が立てた開発計画は、社会状況が変わっても（つまり、世界中で自然環境が重視されるようになっても）実施されなくてはならないのでしょうか。これまでは「そういうものだ」と受け入れてきた現実に、「育む会」のメンバーは疑問を感じていました。つまり「育む会」のメンバーは、現実を変えることができるのではないかと思いはじめたのです。そこで、当事者たちが致し方なく受け入れてきた現実は社会的に築かれたものだから、つくり替えることができる（脱構築）という立場で活動することにしたのです。

先にも述べたように、以前から「育む会」は、里山保全にかかわる問題に気付けば解決のために計画を立てて行動し、事態に変化をつくり出し、その結果を観察するという過程を繰り返してきました。道路の代替案づくりでも、同じようなサイクルを繰り返すことになりました。そうすることで、「育む会」のメンバー一人ひとりが自らの置かれている状況を理解し、里山を護るた

（5）（action research）社会活動で生じる諸問題について、小集団での基礎的研究においてメカニズムを解明し、得られた知見を社会生活に還元して、現状の改善を図ることです。ドイツの心理学者レヴィンが提唱しました。

めに、景観を残すために、安全な道路案をつくるために、何ができるかを考え、一人ひとりが自らの能力や知識を活用するようになったのです。要するに、こうした学びと活動によって、問題に気付き、問題を分析し、問題の解決に取り組み、事態の改善をつくり出すために必要とされる力を育てることになったのです。

行政権力が強制収用手続きを開始すると、「育む会」は絶体絶命の崖っぷちに立たされました。そこで「育む会」がとった方法は、道路の代案づくりを公にして、道路問題を公共の論議に乗せるというものでした。道路問題を多くの市民に知ってもらい、考えてもらおうという方法です。

前述したように、シンポジウムやフォーラムの開催、署名運動など、次々と計画が立てられて実行されていきました。その都度、準備会議が何度ももたれ、活動結果が振り返られ、次の活動計画に生かされていったのです。この過程において「育む会」のメンバーは、それぞれ自己の能力や情報量、そして知識を自覚し、それらを資源として役立させるとともに資源の仕込み（学習）に取り組みました。このようなプロセスが新たな仲間（賛同者）を生み出した、と言えます。

当たり前のことですが、「育む会」のメンバーは職業や年齢などがさまざまでした。しかし、それが理由で多様な経験を積んでいた人が多いのです。道路問題について理解が深まるほど、また運動が展開すればするほど、メンバーの体験や知識、そして能力や個性を生かせる場面が現れ、それぞれが輝き出し、各人が不可欠の存在として仲間から承認されてさらに信頼されるようになりました。

各メンバーが、共有される目的あるいは目標の実現のために自身の能力や感性、そして技などを発揮しはじめたのです。そうすることで達成感を味わい、社会的な自己実現を経験すると、自己にもっと磨きをかけたくなり、さらに学び、あるいはもっと積極的に活動したくなるものです。いわば成長のサイクルが、「育む会」のメンバーのなかで、それぞれの個性と調和した形で展開していくことになったのです。

このような活動の結果、「育む会」の運動に共鳴し、会員ではなくても自身の知識や技を役立ててくれる人が何人も現れました。自然保護への共感が波紋のように広がっていったわけですが、このような現象はあることを証明しています。つまり、多くの人びとは自然保護に対する関心が元々高かったということです。ただ、一人ではなかなか活動に移すことができなかった。そんなときに「育む会」の活動を知り、賛同して運動に加わったということです。

前述したように、八か月にわたる激しい攻防の結果、強制収用は中断され、迂回道路が造られることになりました。里山の一部は壊されましたが、子どもたちや高齢者や障がい者が活用してきた環境学習とケアのゾーンは残り、歴史的景観も保存されることになったのです。つまり、活動する市民の間にエンパワーメントが起こり、課題が達成されたということです。

ＩＣＴの活用とアートでの発信

「育む会」の活動と学習に、さまざまな専門家が参加するようにもなりました。前章で紹介したように、学術的な知見を学ぶシンポジウムも開催しています。「育む会」のメンバーは、既存の専門的知識や分析を吸収するだけでなく、事態の改善に役立つようにこれまでの知識の結合の仕方を変えたり、付け加えたりという方法を実践しました。

それぞれのメンバーが、「なるほど」とうなずける専門的な知識や情報をそれぞれの「知識の抽斗（ひきだし）」に蓄積し、必要に応じてそれらを取り出し、活用するようになったわけです。それらの知識の拡散と意見交換にはＩＣＴ(6)が活用されました。現場の情報、課題の分析や意見、そして関連情報がメンバーに随時発信され、共有されたのです。

このような手法はメンバー間に対等感をもたらすため、率直な意見交換に役立つことにもなります。その結果、発信者も多数、受信者も多数という状況がつくり出されました。これによって課題解決の文脈が編み上げられ、共有されるようになったのです。もちろん、ＩＣＴを利用しないメンバーもいましたから、オンラインへの過大な依存は避けられ、ミーティングも頻繁にもたれました。オフラインとオンラインの両方での意見交換が、課題解決のために相乗効果を生み出すように配慮されていたわけです。

こうした過程を経て「育む会」のメンバーは、道路と里山問題の構造を一層深く理解するようになりました。そして、里山保全が地球温暖化や生物多様性の危機などといった地球規模の問題解決にもつながっていることを知りました。大気汚染といった環境問題との関連にも注意するようになり、その面での科学的調査にも取り組んでいます。さらには、自然と建造物とがつくり出す里山景観のもつ歴史的・文化的意味についても興味を抱くようになり、専門家の指導を受けるようになったのです。

アートによる発信も「育む会」の活動における特徴の一つでした。市民合唱団「はるかぜ」で活躍してきた「育む会」メンバーの太田幸子さんが合唱団に働きかけ、里山保全活動がミュージカルになっています。前掲したように、プロの作曲家が作曲し、里山を生かし、里山に生かされてきた人びとの歴史を掘り起こすミュージカルがつくられて公演されたのです（二〇〇九年五月一六日、一八七ページ参照）。

この舞台を観たときの感動、いまだに忘れることができません。私自身、自然とともにあることの特別の素晴らしさに改めて心を揺さぶられました。感動をすべての観客と共有することができたように思います。

（6）（Information and Communication Technology）情報通信技術、ネットワーク通信による情報と知識の共有手法のことです。

公演から一か月ほどが経過した日、〈毎日新聞〉で興味深い記事を見つけました。社会学者として有名な見田宗介氏（東京大学名誉教授）のインタビュー記事です。見田氏は、記事のなかにおいて以下に挙げる三つの至福を指摘していました。

❶人間と人間が共存することの至福。

❷草原や森の中で自然や動物に囲まれているような「人間と自然が共存することの至福」。

❸芸術は「単純な至福」をどこまでも増幅し、豊かにしてくれる。［〈毎日新聞〉二〇〇九年六月一二日付夕刊「生き方再発見」］

記事では、❶と❷の単純な至福だけで十分だとしつつ、さらに「アート」に言及していたのです。「育む会」のメンバーや協力者たちも、ミュージカルによって三つ目の至福を手に入れたように思います。

市民になる

普段、何気なく使っている用語、「市民」とはどういう存在なのか、立ち止まって少し考えてみましょう。社会学者の庄司興吉氏は次のように言っています。

「市民は、生活者がその無限の多様性を越えて、主権者としての普遍性に目覚めるときに初めて

真の意味で誕生する」［庄司興吉編（一九九九年）二八八ページ］

この指摘に沿って考えれば、「育む会」の活動と学びは、メンバー一人ひとりがまさしく真の「市民」となる歩みそのものであったと言えます。「育む会」のメンバーは、自身が育んできた人間と自然との関係のあり方（日常的な行動）が外部の力で変更を余儀なくされることに抵抗して、そのあり方を守り育てる活動から独自の環境学習を立ち上げ、開発優先の支配的な考え方に挑戦したのです。

「開発（development）のメタファーによって、純粋に西欧的な歴史観が世界的なヘゲモニーとなったために多様な文化をもつ人びとが自分たちの社会生活の形態を定義する機会を奪われてしまった」[7]と告発したのは、メキシコの社会学者グスタボ・エステバ氏です。まさに「育む会」のメンバーは、開発の意義を理解しつつ、それを脇に置いてもう一つの生き方を築いたと言えます。地域の自然と歴史が織り成す景観のなかで、自分らしくそれらを引き継ぎ、発展させるまちづくりに踏み出したということです。いささか強い言葉を使えば、自分の生き方は自分で決めるという権利を取り戻し、主権者として生きることになったということです。

（7）Gustavo Esteva, 1992, 'Development' The Development Dictionary A Guide to Knowledge as Power, ed. by Wolfgang Sachs, 9.

「空間」から「場所」へ

主権者となる過程で、劣勢の「育む会」のメンバーの気持ちを後押ししたのは、すでに見たようにアイデンティティや文化、連帯感などであったわけですが、ローカルな環境問題に特有の「気持ちのもち方」も手助けしたと思われます。それが、アカデミズムに包摂されることのない創造的な学びへと「育む会」のメンバーを誘う内的なエネルギーになりました。いったい何かと言えば、それは活動拠点の「場所化」です。

「場所（place）」と「空間（space）」の違いを論ずる研究者は少なくありませんが、アメリカの地理学者イーフー・トゥアン（Yi-Fu Tuan, 1930～）は、「場所」を「価値と感じられているものの中心」［トゥアン（二〇〇七）一四ページ］と見なしました。トゥアンよれば、「場所」は「価値が凝結したもの」で、「容易に取り扱ったり移動させたりできるようなものではない」［トゥアン（一九九三）二九ペー

切り口に防腐剤を塗る（撮影：木下紀喜氏）

ジ」のです。

自らの価値観や生き方に基づき、あるいは生き方を探りながらある地域で活動経験を積み重ねると、その舞台（空間）は活動する人にとって特別な意味を帯びはじめます。つまり、「空間」ではなく「場所」になっていくのです。

「育む会」における学びのなかで明らかになったことも、そうしたことでした。保全活動によって育まれる自然環境（里山）は、活動主体にとって特別の意味をもつ「場所」となり、愛着が生まれはじめます。時には、その「場所」の歴史背景にも関心が芽生え、自然と人間とのかかわりの文化を掘り起こすという興味も湧いてくるのです。まちづくりに着手するということは、そこが、ある価値が凝結した「場所」になるということなのです。

社会関係資本と新しいコミュニティ

社会関係資本とは

人と人とのつながりの希薄化と「無縁死」を扱ったNHKスペシャル「無縁社会」（二〇一〇年一月三一日放送）を記憶されている方も多いことでしょう。放送後、大きな話題を呼びましたが、アメリカでこの問題にいち早く注目したのが政治学者のロバート・パットナム（Robert David

Putnam, 1940〜）でした。
『孤独なボウリング――米国コミュニティの崩壊と再生』（柏書房、二〇〇六年）という本が邦訳されているのですが、そのなかで彼は、一九七〇年代のアメリカ社会において、市民のつながりが薄れ、市民参加の度合いが低下していることを問題視しています。

人と人のつながりが薄れるとどういう問題が起こるのでしょうか。パットナムは、人と人との関係に宿る社会関係資本に着目しています。同じ制度が導入されても各地域のパフォーマンスに違いが出るのは、社会関係資本の蓄積において違いがあるからだ、と言うのです。パットナムはそのことを、イタリアを調査対象に選んで実証しました。いささか定義風にまとめれば、「社会的なネットワーク、およびそこから生ずる互酬性、信頼性の規範」が社会関係資本となります。つまり、人と人とのつながりも資本だということです。

同書によると、アメリカにおける社会関係資本の縮小は、教会や労働組合、ＰＴＡ、各種社会組織への参加度の減少、さらには「リーグボウリング（League Bowling）」（アーケードゲーム）への参加減少といった日常生活においても見られたようです。社会関係資本は関係に宿る資本です。資本ですから便益がもたらされます。しかし、社会関係資本の場合、その便益がいつもたらされるか分かりません。一般的に、階層的な共同体では豊かに蓄積されていくのですが、都市社会では比較的乏しいと言われています。

こうした地縁や血縁で括られる伝統的な共同体でなくても、共通の目的や関心をもった自発的な集団（アソーシエーション）がつくられるなら、そこに社会関係資本が紡がれる可能性があります。里山保全活動のためにつくられた市民グループでのメンバー間、あるいはそうしたグループ間には社会関係資本が蓄積されていくと考えられます。

社会問題の解決方法と社会関係資本

都市化した現代社会では、社会関係資本というと「コネ」をイメージしてしまう人も多いでしょう。さらに、個人間の公平な競争を阻害するもの、と思われるかもしれません。たとえば、学歴や学業で見劣りする農村出身者が、同じ村の出身である成功者のコネによって都会で職場を得る、といった具合です。ところが、社会問題の解決方法に注目すると、社会関係資本はしごく現代的で、民主的な方法の資源になりうることが分かります。

コミュニティ・スクールを提唱したことで知られている金子郁容（いくよう）氏（慶應義塾大学教授）は、社会問題解決のための三つの方法を整理しました。その「三つの方法」を簡単に説明しておきましょう。

①ヒエラルキー・ソリューション——政治的決定に基づき、権限と強制力をもつ第三者が統制する方法です。「ゴミのポイ捨て」という問題解決を例にとれば、自治体が強権を発動したり、

監視員を雇って見張ったりする方法です。

②マーケット・ソリューション——市場メカニズムによる経済的決定です。先の例で言えば、入園料や収益金で掃除人を雇うという解決方法です。

③コミュニティ・ソリューション——この解決方法は「伝統的規則や慣習によるもの」で、近代世界ではますます稀になりつつあります。地縁と血縁による、いわば閉じられた共同体が、問題を伝統的規範によって解決します。［金子（二〇〇二）一四八～一四九ページ］

しかし金子氏は、インターネット社会が進展すると、人びとのコミュニケーションが飛躍的に増大し、それによってコミュニティ・ソリューションに新しい力が注入される、と考えています。人と人のつながりが広がり、開かれることによって、伝統的な社会にあった問題解決の手法が現代的に蘇るということです。コミュニティ・ソリューションという解決方法が、リニューアルされて効力を発揮するかどうかの鍵は「相互性と関係性の編集」にあるとされます［金子（二〇〇二）一五〇～一五一ページ］。

一方向ではなく、相互に意見が交換され、相互に支え合い（互酬性）、問題の発見や設定、解決計画、行動、結果に対する評価と振り返りといったサイクルのなかで、社会関係資本が豊かになるような関係性が発展していくのかどうか、これが重要なのです。地縁と血縁から自由になって人びとの間で社会関係資本が紡がれるとき、社会問題の解決は、強権発動によってではなく、開かれたコミュニティ・ソリューションによって行われるのです。

新しいコミュニティ

伝統的な共同体は、自治的に運営され、助け合う相互扶助的なイメージをもっています。実際、農村共同体にはそういう側面がありました。事実、共同体の長が領主に対立して農民を守ることもあれば、面従腹背（めんじゅうふくはい）的に農民の利益を守ることもありました。では、現在の自治体はどうでしょうか。古い形態の階層的な構造は否定されましたが、上位の行政権力に抗ってまで自治を守るかといえば、どうやらそうとも言えないようです。確かに、そういう自治体もあるでしょうが、血縁関係が薄れた地方自治体は、国や県や市という行政機関の意を受けて上意下達の伝達組織になっている場合が多いように思えます。

極端な場合、地域コミュニティが「長いものには巻かれろ」的な方法を選択し、上位の行政権力の意向を汲んだ「お利口な」運営を行っています。たとえば、地方行政にとって都合の悪い陳情が一部の市民グループから出されたら、それと対立する陳情を地域の顔役が住民会議にかけずに提出して行政に加担するというケースです。「そんなことはないだろう！」と言えないのが現在の状況です。これでは、コミュニティ内に相互信頼も生まれなければ互酬性も育まれません。

共通の目的や関心のもとに生まれた集団が、その目的の遂行を阻む問題に対して解決を模索し、調査し、活動するときに集団のメンバー間で自治が強化され、徐々に社会関係資本が育まれるのです。地縁や血縁に拘束されない開かれた集団は、インターネットなどによってますますオープンに主張を展開し、意見交換をしながら仲間を拡大していきます。こうした集団こそ、新しいコミュニティなのではないでしょうか。これは、行政機関の情報を伝達する官製コミュニティと両立しうる、自発的な「手づくりコミュニティ」となります。

現代のコミュニティは、地域に拘束された所与のものではなく、自発的につくられた、自治的かつ問題解決的な「人のつながり」であり、ネットワークで結ばれつつ、信頼と相互扶助を核に成長していくものと言えます。

第3部

里山保全イノベーション

屋敷林で遊ぶ子どもたち

第8章　コモンズとトラスト

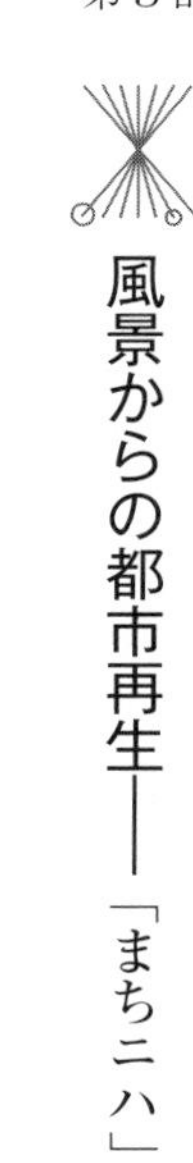

風景からの都市再生――「まちニハ」

都市部で里山を保全するのは並大抵のことではありません。すでに指摘したように開発の圧力が特段に強く、それに抗して里山を残そうとしても、相続税のために手放さざるをえないといった具合で里山は消えていくのです。そうしたなか、都市再生の観点から里山保全について提言し、自ら実践を指導する論者が現れました。中村良夫氏（東京工業大学名誉教授）です。中村氏は今から遡ること三五年も前に『風景学入門』（中公新書）を著され、一九八二年にサントリー学芸賞を受賞されています。日本中が開発しか考えていなかった高度経済成長期に「風景」について言及されていたのですから驚きです。

このような感性をもつ中村氏が〈季刊　まちづくり〉に「まちニハ考」という論文を掲載しました。そこには「ニハとしての都市」という観点が貫かれています。まず「ニハ（庭）」は、人びとの心の奥に息づく日本の風土的観念とされます。「まちニハ」には庭園性がありますから、植物や水の気配があり、「春夏秋冬のうつろう場の波動を身体の五感で受信」〔〈季刊　まちづくり〉№42号、二〇一四年、八ページ〕する場所となります。同時に、大衆的で、共同体のさまざまな行事が行われ、賑わう土くさいところ、それがまさしく「ニハ」だというのです。

「まちニハ」の表情を具体的に追ってみましょう。「まちニハ」として中村氏は、公共的であり、かつ私的な隙間に着目します。例として挙げられているのは、京都市の東側を南北に流れる高瀬川べりのイタリアンレストランです。京都観光をされた方であれば、ご存じの人が多いと思います。旅番組などでもよく紹介されているエリアです。レストランは民営なのですが、川辺のテラスで食事をすれば、川のせせらぎ、川岸の木立のささやきなどを楽しむことができます。これが「ニハ」なのです。中村氏は次のようにも言っています。

「山水の気配みなぎる『公』と縁側のような『私』の空間が軒先でぼんやり混じりながら、なかば閉じなかば開いた面持ちで、共同体のハレの場所をなしている」〔中村良夫ほか（二〇一四）四一ページ〕

門や玄関の外に植木の鉢などが何気なく置かれ、歩行者に心の安らぎを提供している光景をよく見かけますが、中村氏によれば、それらは結界（内外を分かちながら結びつける装置）として「まちニハ」づくりの重要な要素となっています。「家ニハ」の結界が「まちニハ」をつくるということです。その手法はさまざまで、暖簾（のれん）や矢来（やらい）（竹などでつくられた仮囲い）による商店の挨拶景であったり、信仰の場であると同時に社交場ともなった寺社の境内であったりします。「まちニハ」は、伝統的な美意識と美の様式そのものを現代に調和させ、心地よい場を演出していることがお分かりでしょう。こうすることで、「ニハ」はコミュニティ再生のための一助となっているのです。さらりとした心遣いである「結界の演出」、誰もが味わえる奥の深い文化を日常的に表していると言えます。

京都だけでなく、みなさんが住んでいるところでもこのような光景を目にすることがあるはずです。散歩の折などに、ちょっと意識してご覧になってください。身近な自然を大切にすれば、まちづくりに参加しながら、生活を楽しむことができます。

新しいコモンズ

「ニハとしての都市」という発想は、コモンズ（入会地）に新しい光を投げかけることにもなります。「公」と「私」が溶けあう交歓の場であり、行事や作業が行われる場所が「ニハ」となれば、市民社会の公園も大きな「まちニハ」と言うことができます。

中村氏は、前掲書においてロンドンにある面積三二〇ヘクタールのハムステッド・ヒース(Hampstead Heath)という公園を例に挙げていますが、そこは大緑地で、市街地にありながら荒涼とした大地の面影もあり、沼のほとりにはキツネも現れ、村の生活を感じさせる、と言っています。ここは、「まちニハ」と言うよりは「コモンズ」と言ったほうがしっくりきます。

こうした「公」と「私」との溶けあう交歓の場という「ニハ」の理念と共振するコモンズは、市民社会を育む都市の一つの風景と言えます。中村氏は、「山川草木の香にみちた日本の伝統都市」の未来的な蘇生を願って「まちニハ」を論じているわけですが、氏が「まちニハ」の関心から市民社会を育む入会地の可能性の一つとして注目したのが「関さんの森」です。[1]

「育む会」が保全している「関さんの森」は、地域に開放された各種イベントが行われるなど、参加者でにぎわう交歓の場所となっています。門外に立つ門かぶりのマキやウメは、「私」が「公」に入り込んで、公私の区別があいまいな雰囲気を醸し出しています。また、メンバーの手づくりによる木製のベンチは、一〇〇年桜の絶好のお花見スポットとなっています。先にも述べました

(1)〈季刊 まちづくり〉No.42号、二〇一四年、一三ページ。

ように、春ともなれば、このベンチに座って語らいながらお花見を楽しむ人びとをよく見かけます。このような光景を見ると、「関さんの森」は「まちニハ」の要素を備えていると感じます。
繰り返し述べてきましたように、「関さんの森」は生物多様性が豊かであるばかりでなく、江戸時代の建造物、熊野権現、多くの古文書など「三二〇年にわたる生活の痕跡」が刻まれていま す。これについて中村氏は、「生態・文化複合系の遺産である」と指摘し、次のように書いています。

「なかでも圧巻なのは関家の真ん中をつらぬく都市計画道路の強制収用手続を、市当局との粘り強い交渉で最悪の路線を回避し、ケンポナシ、ケヤキ、エノキなどの巨木移植をしながら位置変更を実現した事だろう。（中略）都市化時代に蜃気楼のようにたちあがったコモンズといえる」

〔〈季刊　まちづくり〉No.42号、二〇一四年、一三ページ〕

大きな「まちニハ」と言える「関さんの森」は、メンバーの自治によって運営される都市のコモンズの可能性を示しています。まさしく、市民社会を育む場所と営みなのです。
市民社会を育む試みとして、中村氏は古河総合公園で実験的な提案もしました。[2]「古河公方」と呼ばれて親しまれているこの公園は沼辺の里山で、そこにいくつもの市民グループが集って、トンボや鳥の楽園づくりに取り組んだのです。茶摘みや田植えなどといったさまざまなイベントも行い、「労働を介してコミュニティが徐々にできていき、やがて公園はコモンズの匂いを再生できた」と、中村氏は述べています。

人びとがつくり、育ててきた原風景を壊したのは、世界的に見れば産業革命後の乱開発です。日本で見れば、新しくは高度経済成長期の乱開発およびその後の公共事業と言えます。日本をよく知るアレックス・カー氏（一九五ページの注2を参照）は、「国土が際限なくコンクリートで塗りつぶされる奇怪な状況に、日本の魂そのものの深い病を感じ取る」［アレックス・カー（二〇〇二）参照］と言っています。

開発によって手付かずの自然が壊されるわけですが、多くの場合、人びとの生活を取り巻く自然環境も手ひどく破壊されます。日本の場合、里山が格好の開発対象になってきたわけですが、産業革命発祥の地、イギリスでも同じでした。住居を含む農場や牧場といった生活の場と、それを

古河総合公園での田植え（撮影：岡村幸二さん）

（2）〒306-0041　茨城県古河市鴻巣399－1　TEL：0280-47-1129

取り巻く二次林が織り成す風景が破壊されようとしたのです。いわば、世界の里山も開発の餌食になろうとしたわけです。
イギリスにおいて産業革命後の風景破壊にストップをかけたのが、ナショナル・トラスト運動でした。ここから、「風景の破壊」に抗する「風景の保存」という手法がはじまりました。これは画期的なことでした。と同時に、そうしなくては風景の破壊が止まらないという恐ろしい現実があったわけで、現在もそれが続いているのです。次節では、里山を守る手法としてのトラストについて考えていきます。

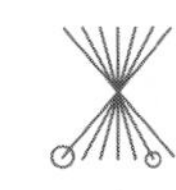

ナショナル・トラストという自然保護の手法

ナショナル・トラストといえば、ピーターラビットを連想する人もいることでしょう。それほどまでに、ピーターラビットの生みの親である絵本作家ビアトリクス・ポター（Helen Beatrix Potter, 1866～1943）とナショナル・トラストは、切っても切れない縁で結びついています。

――ノエル君、あなたに何を書いたらいいかわからないので、四匹の小さいウサギのお話をしましょう。四匹の名前はフロプシイーに、モプシイーに、カトンテールに、ピーターでした

――……。［辻丸（二〇一六）一二ページ］

ビアトリクスの家庭教師であったムーアの息子ノエル君に送ったウサギの絵手紙が、有名な『ピーターラビットのおはなし』のもとになりました。この絵手紙は、当時病床にあったノエル君へのお見舞いでした。

最初は自費出版だったようですが、それが出版社の目に留まり、一九〇二年に改めて出版されたのです。発売後、たちまちベストセラーになり、世界各国で翻訳されるまでになりました。ちなみに、ピーターのモデルはポターが飼っていたウサギでした。彼女によるウサギのスケッチがたくさん残されています。

産業革命によって開発の波が押し寄せるなか、ビアトリクスは作家としての成功によって得た印税で大好きな湖水地方の土地や農場を買い求めました。やがて彼女は購入した牧場で暮らすようになったのですが、彼女にはもう一つの才能がありました。それは農場経営という手腕です。また、羊のブリーダーとしてハードウィック種の飼育改善にも貢献しましたし、もちろんナショナル・トラストのサポーターとしても活躍しました。

彼女が七七歳で亡くなると、遺言に基づき、四三〇〇エーカー（東京ドーム約三七〇個、日本のディズニーランド一二個分）を超える土地と一四の牧場とコテージがナショナル・トラストにそっくり遺贈されました。ちなみに彼女の遺灰は、湖水地方のウィンダミア湖に近いニア・ソーリー村（彼女が印税で初めて購入したヒル・トップ農場のあるところ）のジマイマの丘にまかれました。

ビアトリクスが買い集めた農場や土地がナショナル・トラストに遺贈されたおかげで、現在でも美しい湖水地方の風景が護られています。小さいヒル・トップ農場とニア・ソーリー村は、青いジャケットを着たピーターをはじめとして、彼女の絵本で描かれた主人公たちが活躍する舞台となっています。今でも、絵本にある風景をそっくりそのまま見ることができるほど、自然環境と建造物などが見事に保存されているのです。たとえば、『こねこのトムのおはなし』の挿絵に描かれた石垣と木戸も残っていますし、『パイがふたつあったおはなし』で犬のダッチェスが猫のビリーから招待状を受け取った家は、現在Ｂ＆Ｂとなって多くの人が利用しています。

さて、ビアトリクスは、なぜこのような広大な資産をナショナル・トラストに寄贈するという遺言を書いたのでしょうか。この問いに答えるためには、少しばかり彼女の生い立ちについて説明をする必要があります。

ヴィクトリア時代の富裕層家族に生まれたビアトリクスは、家庭教師ムーアによって育てられました。何ひとつ不自由のない日々を過ごしていたのですが、楽しみとしていたことが、弟と一緒に子ども部屋でトカゲやカエルを飼ったり、屋敷の庭に棲む生きものたちをスケッチすることでした。八歳のときに描いたスケッチには毛虫が葉を食べる姿が描かれており、江戸時代の画家、伊藤若冲（一七一六〜一八〇〇）が描いた「動植綵絵（どうしょくさいえ）」の「池辺群虫図」（三の丸尚蔵館所蔵）を思い起こさせるようなリアリティーがあります。また、二〇代後半からビアトリクスはキノコなどの菌類に興味をもちはじめました。植物園に通って本格的に研究したのですが、女性というだけの理由で研究者への道は閉ざされました。

ポター家は湖水地方で夏を過ごすようになりますが、そこでビアトリクスは、ハードウィック・ローンズリー牧師（Hardwicke Rawnsley, 1851〜1920）と出会います。牧師はビアトリクスの絵本出版にも尽力してくれました。この牧師こそ、一八九五年、社会活動家オクタヴィア・ヒル（Octavia Hill, 1838〜1912）、弁護士ロバート・ハンター（Robert Hunter, 1844〜1913）とともにナショナル・トラストを立ち上げた人です。そして、ビアトリクスの父親ルパートは、湖水地方の自然保護に尽力していたローンズリー牧師の信念に共鳴し、ナショナル・トラストの終身会員第一号となっています。

ピーターラビットの故郷である湖水地方は、心に安らぎを覚えさせる本当に美しいところです。手付かずの峻厳な自然ではなく、人の暮らしを取り囲む、温もりのある自然です。緑の農場や牧場がどこまでも広がり、羊が綿花のようなフワフワとした姿でのんびりと過ごしています。平らな草地と緑の起伏が波打ち、湖や沼、そして大小の館が平和で穏やかな風景をつくり出しています。身も心も、ほのぼのとリフレッシュされるようなところです。

ビアトリクスは、この風景に溶け込んで生きている生きものたちの動きと表情を緻密にスケッチし、それらを物語に登場させています。野道、小川、畑、草地、樹林地、農家、庭などを舞台に、ネコ、イヌ、ブタ、アヒル、キツネ、ウサギ、カエル、ネズミなどが構成する湖水地方の風景は日本の里山ととてもよく似ています（もっとも、住居の形態は異なりますが）。

湖水地方の風景があったからこそ、ピーターラビットが生まれたと言えます。ビアトリクスは、この地の自然界と人の暮らしが織り成す温かくてすがすがしい命のドラマをこよなく愛し、意外性とユーモアを交えるだけでなく、生きもの間の厳しさも加味した絵本に仕上げました。物語のなかで、ピーターの父親がパイにされて人間に食べられてしまったことを覚えていますよね。

イギリスのナショナル・トラスト

ナショナル・トラストは、今やイギリスで一番の大地主となっています。ナショナル・トラストが所有し保存する資産（保護資源：プロパティ）は、自然景勝地をはじめとして、貴族の館や庭園、作家の住まいなどといった歴史的な名所、そして農地や農家など多様なものとなっています。

その具体例を少し挙げておきましょう。すでに述べた湖水地方や世界遺産のストーン・ヘンジ、白亜の絶壁セヴン・シスターズなどの景勝地、チャールコート・パークなどの貴族の館と庭園、ウイリアム・ワーズワース（Sir William Wordsworth, 1770～1850）の生家と庭のほか、イングランド、ウェールズ、北アイルランドにある歴史的建造物、庭園、森林、農地、海岸線などが含まれています。要するにナショナル・トラストは、イギリスらしい景観（原風景）を永久に残すために、それらが開発で壊される前に買い取って保存をしてきたのです。

買い取りばかりではなく、寄付を受ける場合もあります。その場合、相続税は免除されています。買い取りにしても寄付にしても、一定の基準に基づく厳しい審査を経てプロパティを増やしてきました。ちなみに、庭園はナショナル・トラストが管理・保存していますが、そこに立つ邸宅には持ち主が住んでいるという場合もあります。

さて、ナショナル・トラストの創設者に触れるために少し歴史を遡ることにします。

産業革命前から上流階級の貴族たちは素晴らしい館に住み、広大な美しい庭に囲まれて生活していましたが、産業革命によってポター家のような中流階級も勃興し、上流階級と同じようなゆとりある暮らしぶりを求めて、夏などは自然豊かなところで過ごすようになりました。自然を愛でる生活スタイルは上流階級への憧れという側面を感じさせますが、どうやらそうとも言い切れないようです。

そのことを、ナショナル・トラストの成立過程に見ることができます。まず、社会主義者的な要素をもつ思想家ジョン・ラスキン（John Ruskin, 1819～1900）の存在なくしてはナショナル・トラストは生まれなかったということを考えても、貴族趣味の保護活動でなかったことが明らかです。

ヴィクトリア期にラスキンは、芸術論、美術論、建築論を打ち立て、社会改良運動でも活躍します。社会思想家としてのラスキンは、文化や芸術を重視するとともに、教育や職業訓練、賃金確保などによる人間生活の充実に価値を置きました。産業発展によってもたらされた自然環境の汚染を、ラスキンは風景という観点から捉え、汚染を拡大させる人間のモラルを「風景のモラル」という点から批判しました。こうしたラスキンの思想が、ナショナル・トラストの理念的な礎になっているのです。

当時、創設者の一人であるオクタヴィア・ヒルは、ロンドンで働く労働者の劣悪な住宅事情に心を痛め、都市住宅の改善に取り組んでいました。ヒルは若いころ、ラスキンの思想と芸術論、建築論を学んでいます。そのラスキンは、ヒルの住宅改良事業の投資者になっているのです。だからヒルは、ラスキンを経済的な支援者としても尊敬していました。

ラスキンはヒルに、湖水地方の自然を護ることを目的として鉄道敷設反対運動に熱中していたハードウィク・ローンズリーを紹介しました。この鉄道敷設反対運動に協力していたのが、コモンズ保存協会の弁護士ハンターでした。こうしてナショナル・トラストの創設メンバーが、産業革命による自然破壊に抵抗する運動において揃ったわけです。

ヒル、ローンズリー、ハンターの三人は、政府や行政を信頼していませんでした。それゆえ、行政に頼らず、営利的な金銭的価値観とは異なる公共的な価値のために市民運動を立ち上げたのです。こうした理念を表現するためにハンターが提案したのが、「ナショナル・トラスト」という名称でした。

「ナショナル」とは「国民・市民のために」という意味で、それに「トラスト」（信託）が加わると、国民・市民からの信頼に基づき、行政に頼ることなく、自分たちの力で自然景勝地や歴史的な名所などを護り、次世代に引き継ぐとともに永久に残すという強い気持ちを含意することになります。象徴的とも言えるスローガンが「For ever for everyone」です。

創設時におけるナショナル・トラストの保護と保存の信念が、揺るがぬことを示したというプロジェクトがあります。ストーン・ヘッジの景観を蘇らせるために、国道の位置を移動させるというプロジェクトを実施したのです。どこかで聞いたような話ですね。

一九〇七年、第一次ナショナル・トラスト法によって、ナショナル・トラストが取得した土地や建物などは「譲渡不能」となりました。永久にナショナル・トラストが保存し、後世に残すように法律で定められたのです。国会の特別な議決がないかぎり、強制収用されることがないということも保障されました。そして、一九三七年の第二次ナショナル・トラスト法によって、建築物内の家財なども保存することとなりました。

ナショナル・トラストの自然保護思想は、上流・中流階級の好みに収まるどころか、多くの人びとのメンタリティの一部となっています。それを如実に示しているのが会員数です。ナショナル・トラストは主に会員が支払う会費で運営されていますが、その会員数は、二〇一六年現在、四五〇万人にも上ります。一〇年前の会員数が三四〇万人で、イギリス国民の一六人に一人の割合であったと言いますから、さらに会員数を伸ばした今、こうした自然保護の思想は国民の間で広く共有され、行動に移されていると見ることができます。

会員になると、ナショナル・トラストが保護・管理している資源（プロパティ）への入場料が無料になります。もちろん、会報も送られてきます。豊かな自然のもとで、あるいは歴史的名所でゆっくりと過ごし、精神も身体もリフレッシュするという生き方を、気持ちがいいばかりでなく、意味のある憧れの過ごし方であると多くの人びとが感じているのです。「NPO法人ナショナル・トラスト・サポートセンター」[3]のイギリス事務局によれば、「ハッピーライフをおくるためのベスト10」という記事で、「ナショナル・トラストの会員になる」という項目がしばしば上位にランクされるということです。

プロパティの保存経費は主に会費と入場料によって賄われていますが、保存・管理といった活動は、ナショナル・トラストの職員ばかりでなくボランティアの力に負うところが大きいようです。自然保護や歴史的建造物の保存のためにボランティアとして携わることが、退職後の生き方として楽しく、素敵でかっこよく、価値があると思う人びとが多いということです。それらの価値を大切にしていることを活動で表す誇らしい行為は、まさに「教養の証し」と言えます。

一方、若い年齢層もボランティアとして、時には保護資源内に寝泊りしながら自然や歴史的名所の保存と管理に従事し、庭師の技術や樹木管理の方法などを学んでいます。食事と寝るところは提供されますが、これはトレーニング的な意味を含んだボランティア活動となっています。しかも、さまざまなコースが準備されていて、短期間から年単位まで、各人の都合で選択することができます。

トラストが管理する歴史的建造物などには、お土産を売るショップやカフェが設置されています。訪問者は、自然保護の気持ちをこうしたお店で買物や食事を楽しむことで表し、ナショナル・トラストの運営に協力することができます。言うまでもありませんが、ナショナル・トラストのプロパティは研究や教育・学習にも大いに活用されています。

（３）　日本事務局：Tel&Fax：044－861－0445、英国事務局：Tel：+44 (0)78 357 13007、E-mail：ntscj@ntscj.org

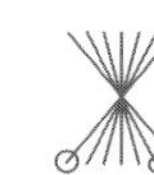

日本のトラスト運動

トラスト団体

日本にもトラスト運動があります。「関さんの森」の半分を寄付として受け取った公益財団法人埼玉県生態系保護協会（以下、公益財団法人を「公財」と表記）は、まさしく「関さんの森」のトラストを実施した（寄付として受け入れた）わけです。一九七八年に設立されたこの団体は、一九九二年に改組されて現在の名称となりました。当財団は、開発の恐れのある地区でトラスト地を積極的に取得しています。水源地から屋敷林まで、豊かな自然と歴史的環境を将来にわたって保存する活動に取り組んでいるわけです。

「日本生態系協会」もナショナル・トラスト活動を実施しています。健全な生態系を維持し、持続可能な国とまちづくりのために、一九九二年からシンクタンクとして活動をはじめました。とくに絶滅危惧種の保護を課題として、自然環境の保存と土地の買い取りを行っています。のちに触れる「社団法人日本ナショナル・トラスト協会」とも連携して活動を展開しています。

『魔女の宅急便』（一九八九年）などのアニメ映画で世界的に有名になった宮崎駿氏が協力している「公財トトロのふるさと基金」は、一九九〇年から狭山丘陵周辺でナショナル・トラスト活動[4]

を開始しました。寄付を集めて、地域限定で自然や文化財を買い取り、永久に残すという活動を展開しています。買い取った森には、「トトロの森3号地」といったように番号が付されます。自然保護の熱意が実って順調に「トトロの森」が増えています。二〇一九年四月の時点で、「50号」までその数を伸ばしています。

また、イギリスのナショナル・トラストを模範として一九六八年に設立された「公財日本ナショナル・トラスト」は、文化財などを保護対象として買い取り、整備しつつ公開しています。

ここで紹介したナショナル・トラストを実施している公益財団法人はごく一部で、日本全国で見れば五〇以上の地域でナショナル・トラスト運動が行われています。国内のナショナル・トラスト運動の連絡・協力組織が一九八三年につくられ、一九九二年に「社団法人日本ナショナル・トラスト協会」に改組されました。

当協会は、トラスト運動促進のための情報提供や支援を目的に設立されたものですが、二〇〇七年に方針を転換し、自ら土地を取得するトラスト団体となっています。国内には、絶滅寸前の生きものや、開発で失われそうな風景があまりにもたくさんあります。他方、遺贈や寄贈によって自然を守りたいという人びとも少なくないので、自らもトラスト実施団体となったわけです。

（4）　埼玉県と東京都の境に、東西一一キロ、南北四キロ、総面積約三五〇〇ヘクタールの規模で広がる丘陵です。

二〇〇七年から取得しはじめた土地は全国に及んでおり、活発な活動が展開されています。

最後に、トラストを実施している組織をもう一つだけ紹介しておきます。日本最初のナショナル・トラスト団体と言われる「公財鎌倉風致保存会」です。何と設立は一九六四年です。同年一〇月一〇日に開催された東京オリンピックに向けて空前の開発ブームが巻き起こり、鶴岡八幡宮の背後に位置する「御谷（おやつ）の森」(5)にも宅地造成計画が襲いかかりました。地元の人びとを中心に市民や文化人が反対運動を起こし、「鎌倉風致保存会」が設立され、寄付金を集めたほか、鎌倉市からの資金提供も得て「御谷の森」一・五ヘクタールを買収したのです。

参考までに述べますと、『鞍馬天狗』や『天皇の世紀』などの作品で知られる小説家の大佛次郎（おさらぎじろう）氏（一八九七～一九七三）も鎌倉に住んでいました。鎌倉や京都などの歴史的環境が都市化と開発で破壊されるのに心を痛めていた大佛氏は、環境保護の活路をイギリスのナショナル・トラストに見いだし、〈朝日新聞〉に「破壊される自然」を連載して「鎌倉風致保存会」の設立を推進しました。

日本における自然破壊の構造に抗して

ここで紹介したような団体の活動は、「待ったなし」といった緊急度を高めています。なぜならば、日本における自然破壊、とりわけ都市部と都市近郊の乱開発による自然破壊は目に余るものがあるからです。何としても止めなくてはならないのですが、どうにも難しいのは、その破壊が構造的であるからです。土木・土建業が公共事業によって発展し続け、他方では相続税が高額であるという二つの要素が自然破壊を不可避にしています。

土木・土建業は、工事を完了すれば新たなターゲットを求めざるをえません。そのため、公共事業の名目で新たな開発事業に着手し、道路やダムなどの建設によって、あるいは区画整理事業を契機に自然破壊を続けることになります。

すでに指摘したように、道路建設から利益を得る官民一体のブロックができていて、その結果、日本は世界一の道路国家になったのです。もちろん、必要とされる開発工事もありますが、公共事業であれば、緊急性が乏しくてもあらゆる工事に「公共性」という言葉を付与しやすいので、業者側にとっては正当性を保証するありがたい開発工事となります。公共事業は、一部の業種と企業にとってビジネス・チャンスとなるのです。

かつて、相続税の支払い義務が生ずる対象者は全相続件数の四〜五パーセントと少なく、そのため相続税率の縮小を訴える運動というものがありませんでした。「三回相続すれば、ほぼ財産

（5）鎌倉一帯では「谷」のことを「やつ」とか「やと」などと言いますが、この地は八幡宮寺の塔頭が二五坊あったため、聖地として「御」を付けて呼ばれるようになりました。

は失われる」と言われるように税率がかなり高いのですが、働かないで親や親族の財産を継承することに世間の風は冷ややかですから、税務署は徹底的に相続税を取り立てることになります。その結果、相続が起これば、里山などの所有者が自然をそのまま保存したいと思っても、相続税を支払うためにはその土地を売らざるをえないというケースが多くなってしまいます。仕方なく土地を業者に売却して、住み慣れた地域を離れる人さえいます。業者の手にわたった里山は、当然のごとく開発され、自然環境は跡形もなく破壊されてしまいます。

日本での里山の喪失は相続税によるところが大きい、ということを裏書きするような法学者の指摘があります。環境法の専門家である坂口洋一氏は、「税制上の措置」に触れ、「雑木林や生物多様性の現状が保全され、自然環境が残される限り、原則として、相続税減免の措置がとられるべきであろう」［坂口洋一（二〇一五）三八九ページ］と指摘しています。

都市部および都市近郊の里山は、この税制上の措置が具体化すれば確実に広く救われるでしょう。二二七ページで触れたイギリスの「ナショナル・トラスト法」のような法律が日本でもできることを願いますが、同様に、自然環境を護るための相続税の減免も実現してほしい税制上の措置と思います。

工業化が進んだ時期、勤労者の住宅が必要でしたから住宅開発は不可避でした。高度経済成長期には、開発事業が莫大な利益を土木土建業者にもたらしました。こうした時期はすでに過ぎて、安定した生活、言うなれば生活の質の向上がようやく課題となり、今ある自然や風景、そして歴史的建造物を人びとが楽しめる時期になったはずですが、公共事業による開発は一向に収まる気配が見えません。都市部に住む人びとの安らぎの場である自然環境や風景が、現在も壊され続けているのです。自然破壊の構造に多様な方法で抗っていくしかありません。

ここで、一つ提案があります。土木・土建業者も喜びそうな提案です。土木土建国家として公共事業によって自然破壊は止まらないという構造があるわけですが、それならば、自然を復活させる事業を公共事業とし、土木・土建業者の技術をいかんなく発揮してもらってもいいのではないでしょうか。自然を破壊せずに、老朽化した施設や道路などを安全のために点検・修理する。これも土木・土建業者ならではの公共事業でしょう。壊すよりも再生するほうが気持ちがいいのではないでしょうか。

都市部の再開発といっても、以前のようにコンクリートで塗りつぶすのではなく、自然との共生が感じられるエリアをつくるとか、ガツガツ・ガチガチと競い合う人びとの心にもゆとりが戻るような空間、さらに言えば、誰もがぬくもりを感じ、静かで落ち着ける、いわば居場所感のある場がなにげなくつくられているような都市開発もいいのではないでしょうか。

さて、話を元の軌道に戻しましょう。先の理由から、日本にもナショナル・トラスト団体の活動が本当に重要となっています。極端な言い方をすれば、「公益法人等公益（非営利）組織」は、日本における自然破壊を防ぐ「最後の砦である」と言えるでしょう。

現在のところ、土地の遺贈が里山などの自然を護るもっとも有効な方法となっていますが、なぜその寄贈・遺贈先が上記のような公益法人等公益（非営利）組織なのでしょうか。たとえば、ナショナル・トラスト系の財団ならば、自然をそのまま護り、永久に保存することを目的として定款に掲げてあるからです。公益財団法人にとって定款の遵守は、自らの存続を左右する重要な生命線となっています。

公益法人等公益（非営利）組織に相続財産が遺贈された場合、各組織のあり方によっていろいろ異なりますが、公益の増進に寄与するなどの一定の条件を満たすと国税庁長官が承認すれば遺贈分が控除されますので、相続税がその分だけ免除されることになります。また、取得する財団には不動産取得税がかからないという仕組みになっています。なお、公益財団法人への寄贈の場合は、遺贈の場合と同様、一定の条件を満たせば寄贈者に譲渡所得税はかかりません[6]。

里山などの自然資源を自治体に寄贈・遺贈するということも考えられるのですが、自治体は、自然をそのまま保存するということが指定されている寄贈・遺贈を受けることはありません。一般的に、里山などが自治体に遺贈された場合、その自治体には自然資源を永久に保存しなければならないという「縛り」がありませんので、道路の拡幅用地として、遺贈された土地を惜しげもなく提供する場合があります。自治体の資産は税金で管理・運営されていますので、それを理由に、自然資源の保護を後景に追いやることができるのです。

イギリスのナショナル・トラストの理念にあるように、開発と経済的利益を最優先する行政に頼らず、自立して自然保護を推し進める公益法人等公益（非営利）組織への遺贈がもっとも確実で、安心のできる自然保護の道なのです。言うまでもなく、遺族に相続税を支払う余裕があり、自然保護の気持ちが強く、環境保全ができるなら、里山などの自然資源をそのまま私的に所有し続けることができます。

「譲渡不能」の原則を求めて

実は日本の場合、公益財団法人への遺贈にも問題があります。日本には、イギリスのように「譲渡不能」原則を定めた「ナショナル・トラスト法」がありません。トラストを行う財団などが国民・市民の信頼を得るためには、この原則についての法的な保証がとても重要となります。

一九〇七年に制定されたイギリスのナショナル・トラスト法のような法律が、日本で今こそ必要になったわけですから、これまでいかに自然資源が日本で無視され、開発による経済的利益が

（6）　租税特別措置法第40条によります。

優先されてきたのかが分かります。何としても、一〇〇年の遅れを追いかける歩みが必要なのです。それに向けて、一つだけ明るい事例があります。北海道の「しれとこ一〇〇平方メートル運動に関する斜里町の条例」です。知床を乱開発から守るために、一九七七年に「知床一〇〇平方メートル運動」というナショナル・トラスト運動が展開された結果です。条例の前文に次のように書かれています。

「斜里町は、……責任をもって運動地を原生の森に再生し、未来永劫にこの森を保全管理するために、この条例を制定する」

そして、第５条で、「町長は、運動地を譲渡不能の原則に立ち、永久に保全し、善良なる管理に努めなければならない」と、力強く宣言しています。

「譲渡不能の原則」という表現に、自治体の強い決意と高い理念を読み取ることができ、感動を覚えます。けれども、これは斜里町の条例ですから地域限定です。こうした趣旨が国レベルの法律になり、制度的に保障されることを願わずにはいられません。とはいえ、国内に関連法がまったくないわけではありません。二〇一五年四月に施行された「地域自然資産区域における自然環境の保全及び持続可能な利用の推進に関する法律」（地域自然資産法）というものがあります。しかし、残念ながら、そこには「譲渡不能の原則」は盛り込まれていません。

里山再生トラストの課題

「公財トトロのふるさと財団」の歴史を振り返りつつ、理事長の安藤聡彦氏がトラスト系財団の進むべき途を整理していますので、要約する形で紹介しておきます。

> まず、大都市近郊において、ナショナル・トラスト団体を確立するのは難しい。そこで、この困難とどのように向き合うべきなのか。要は、「ナショナル・トラスト」と「地域づくり」とをどのようにつなぐかであり、今少し限定すれば、「里山の保全」といかにつなぐかである。
> 〔『二〇〇九年度地球環境基金助成調査研究「新しいナショナル・トラスト活動の手法に関する調査研究」報告書』二〇一〇年、より〕

この難題を前にして、一九八六年に登場した「雑木林博物館構想」に改めて注意が向けられるようになりました。この構想は、「狭山丘陵の自然と文化財を考える連絡会議」と「狭山丘陵を市民の森にする会」とが作成したもので、構想を実現させるための戦略が盛り込まれていました。その一つが核心地域の公有地化です。ところが、戦略をまとめた人びと自身が、たった数年後、行政の買い取りによる公有地化から「ナショナル・トラストによる土地の共的所有化」に舵を切ったのです〔前掲報告書、一三六ページ〕。まさしく、戦略のバージョンアップとも言える変化でした。さらに安藤さんは言います。

「私たちの先輩は、そのとき〈環境行政と市民参加〉というフレームで『雑木林博物館構想』の実現を展望するところから、自分たち自身が土地所有者となって『講想』実現に邁進するというさらなる実験へと踏み出したのである」〔前掲報告書、一三六ページ〕

本家のナショナル・トラストの戦略的な目標は、「地域社会の再生」(『ナショナル・トラストへの招待』緑風出版)とされていますから、「トトロのふるさと財団」が展開している「地域づくり」あるいは「里山の保全」と連動する里山再生トラストは、イギリスのナショナル・トラストの理念と共鳴していることが分かります。

イギリスに比べて日本では、寄付という文化が浅く、また自然に価値を認め、それを自身の活動で護るというボランティア活動は一部の人びとに留まっているというのが現状です。一九九五年に発生した阪神・淡路大地震の災害を契機に、日本でもボランティア活動を行う人が急増しました。また、自然観察会に参加する人びとの数も増えていますので、価値観を活動で表すという自然保護ボランティアも、今後徐々に増加することが期待されます。

課題は、トラスト諸団体が横の連携を強め、強引な開発ベクトルの攻勢に抗する市民力を育てること、その延長上に「譲渡不能の原則」を盛り込むナショナル・トラスト法を誕生させること、もう一つ、土地所有の主体としての組織（公益法人等公益［非営利］組織）の永続性をどのように保障するか、となります。オリンピックをはじめとして万国博覧会などの大イベントが立て続けに予定されています。それらが実施されると、自然破壊が公共事業の名のもとに正当化されやすいので、この課題の緊急性が一段と高まっていると言わざるをえません。

第9章 緑と親しみ、人とつながり、今を楽しむ

――市民としての成長

本章では、都市および都市近郊の里山保全とはひと味違う林業地域の里山再生について紹介し、都市部と林業地域のいずれにおいても共通する里山保全の価値について、保全活動に汗を流す人びとにとっての意味という観点からまとめます。さらに歩みを進めて、その活動の意義を、地球環境の問題状況に照らして吟味していきます。

里山資本主義

『里山資本主義――日本経済は「安心の原理」で動く』（角川新書）という本が二〇一三年七月に発売されました。書いたのは、日本総合研究所の主席研究員である藻谷浩介（もたにこうすけ）氏とＮＨＫ広島の取

材班です。たちまち反響を呼び、発売三か月で一六万部を突破したと言います。自然環境の保護運動に取り組んでいる人であれば、読まれた方も多いのではないでしょうか。

本離れが進み、「本が売れない！」という話が声高に伝わってくるなかで、この販売部数は凄いとしか言いようがありません。きっと現代人の心に響く「何か」があったのでしょう。里山保全という観点に立って、その「何か」を聞き取ってみたくなりました。まず、藻谷氏の言う「里山資本主義」の意味と実践を紹介することからはじめましょう。

里山資本主義とは、ひと言で示せば、アメリカ型の「マネー資本主義」からの発想を転換し、「安心の原理」で経済を動かそうというものです。資本主義を否定するものでもなければ、「マネー資本主義」を壊滅させようとするものでもありません。そうした支配的な生き方をひとまず脇において、「安心」を第一に、別の、もう一つの生き方も取り入れてみようという考え方です。つまり、マネー資本主義の横に、マネーに依存しないサブシステムを構築することです〔藻谷（二〇一三）一二二ページ〕。そこで、『里山資本主義』に基づき、里山再生の試みを紹介していくことにします。

岡山県真庭市の場合

具体的に注目されたのは、岡山県の北中部に位置し、鳥取県と境を接する真庭市（まにわし）における取り組みでした。中国山地のまっただ中に位置する真庭市の地域産業は、言うまでもなく林業です。建築材をつくる会社の中島浩一郎社長が、製材の過程で出る木屑（きくず）を利用した発電施設を造り、「木質バイオマス発電」をはじめました。

社長らの創意工夫によって産業廃棄物として木屑を処理する必要がなくなり、電力会社から電気を買う必要もなくなったうえに売電までできるようになったおかげで、街全体として四億円も得をするという状況になったと言います。さらに、木屑から木質ペレットをつくり、石油に代わる燃料としてボイラーやストーブで使うという工夫もされ、専用ストーブを製造することによってそれも具体化しています。少し話を拡大すると、木屑を燃料にすることで、エネルギーを海外に依存することの危険性、言うなればグローバル経済の不安定さから部分的に解放される可能性が生まれたということです。

真庭市では、先述したような試みに加え、間伐材を燃料用チップに加工する工場などが稼動しはじめたおかげで雇用が生み出され、若者が地域に帰ってきたと言います。自然資源を活用することでさまざまな産業を活性化させ、雇用と所得が生み出されたのです。

山の木を利用することでエネルギーの自立を目指し、創意工夫で身近な自然資源を活用して、都市の生活スタイルとはひと味異なる豊かさを享受する――これが「里山資本主義」です。「地域の自然を利用する」ということがモットーですから、知恵を使って、お金をかけずに手間をかけ、人びとが互いに役立ちあいながらつながることになります。そのため、高齢者も輝き、移住者やU・Iターンの若者たちも加わり、地域が活性化するわけです。

藻谷氏は、「森や人間関係といったお金で買えない資産に、最新のテクノロジーを加えて活用することで、マネーだけが頼りの暮らしよりも、はるかに安心で安全で底堅い（ママ）未来が出現するのだ」［前掲書、一二一ページ］と述べ、水と食糧とエネルギーを手に入れる安心と安全のネットワークをつくろうと主張しています。そして何よりも、「やっていることが楽しい」というのが里山資本主義の極意のようです。

「成果が出れば良し、出なくても、それもまた良し」

次に、里山資本主義を牽引する中島社長（エネルギー地産地消の「真庭モデル」の創始者）たちと懇談した広井良典氏のコメントを紹介しましょう。広井氏は京都大学こころの未来研究センターの教授で、社会保障、医療、環境、地域などに関する政策研究から、ケア、死生観、時間、コミュニティなどの主題をめぐる哲学的な考察に至るまで幅広い活動を行っています。そんな広井氏が里山資本主義の実践者たちとの語らいのなかで指摘したのが、次のフレーズでした。ヘレン・ノーバーク＝ホッジ氏(1)の言葉を借りた、「人類は『懐かしい未来』に向かっている」です。

広井氏は、マツタケ山の再生に努める空田有弘氏たちの活動を、短期的な利益しか見ない今の経済から長いスパンでの成果を評価する時代への転換であると高く評価したのですが、空田氏は「それはちょっと違う」と応答したのです。空田氏たち実践者からすれば、「成果が出れば良し、出なくても、それもまた良し」なのだそうです。「七〇代の者たちが頬を赤く染めるほど汗をかき、山仕事に打ち込むことの気持ちよさ、すがすがしさ。それがあればいいのです」〔前掲書一八二ページ〕とのことでした。

要するに、時間をどのように過ごすか、それが大事だ、というわけです。広井氏はすかさず次のように言って、核心的な意味を引き出しています。

「将来の成果のために今を位置づけるのが今の経済だが、それでは現在がいつまでたっても手段になってしまう。そこから抜け出さなくてはならないのですよね」〔前掲書一八三ページ〕

藻谷氏らが言う里山資本主義では、森の利用にフォーカスが当てられています。ですから、都市および都市近郊の里山再生とは異なり、生業としての林業が立ち行くように森を再生し、生活の場としての里山を楽しく活性化する、これが課題となります。

国家が推奨した地域振興の「三種の神器」（高速交通インフラの整備、工場団地の造成、観光振興）では中国山地の経済はまったく発展しませんでしたから、まず自分たちの編み出した方法で地域経済を立て直そう、生活基盤の里山暮らしを楽しもうというわけです。補助金頼みでは自立した経済システムは生まれない、と藻谷氏は述べています〔前掲書、一二四、一三一ページ〕。

都市部の里山保全も、林業地域の里山・森の再生も、お仕着せの開発を見直し、時にはそれに抗っても、人間と自然とのあるべき関係を築くために活動する、生活の場としての地域を自分たちの思想と活動でつくっていく、地域の歴史（生活の蓄積）に学びながら、明日のまち・地域づくりのために今を楽しみながら生きる――そう、そうなんです。人とのつながりを強め広げながら、明日の社会（まち、地域）を築く（社会的に自己実現する）という点で両者は一致しているのです。

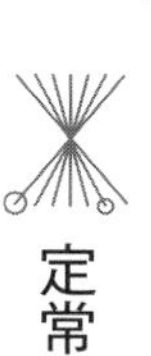

定常型社会

経済システムの進化によって登場する定常型社会

『里山資本主義』で述べられていることですが、お金よりも安心・安全を第一に、都市的な物的

（1）（Helena Norberg-Hodge）スウェーデン生まれ。ＩＳＥＣ（International Society for Ecology and Culture）の創設者で代表。世界中に広がるローカリゼーション運動のパイオニアで、グローバル経済がもたらす文化と農業に与える影響について研究しています。ドキュメンタリー映画『幸せの経済学』の監督を務めたほか、著書として『懐かしい未来――ラダックから学ぶ（増補改訂版）』（「懐かしい未来」翻訳委員会編集・翻訳、懐かしい未来の本、二〇一七年）があります。

豊かさと便利さを目指すよりも自分の価値観で楽しく生きるほうがいいという社会のことを、広井氏は「定常型社会」として論じています。広井氏が著した『生命の政治学――福祉国家・エコロジー・生命倫理』（岩波書店）に基づいて、定常型社会の特徴を描いてみることにします。

定常型社会というと「難しそう……」な感じがしますが、それは、お金やモノが第一で、しゃにむに便利さを追求するといったせわしい競争社会とは異なった、もう一つの社会像のことです。それでは、定常型社会が到来すると人びとの生活はどのように変わるのでしょうか。

今、多くの人びとは誰かが決めた路線に従って先を急ぎ、競争と序列の社会を生きていますが、そうした「忙しさ」（誇りでもあり、苦しみでもある多忙さ）から別れ、それぞれの人が自分の生き方を考え、それに沿って生活を楽しみ、自分を成長させるように時間を使う、これが定常型社会のようです。広井氏の表現に基づき、少し私なりにかみ砕いて説明をしていきます。

定常型社会を広井氏は、次のように定義しています。

「一言で言えば『経済成長ということを絶対的な目標としなくても十分な豊かさが実現していく社会』のことであり、ゼロ成長社会と言ってもよいもの」［広井（二〇〇三）二二六ページ］

これからの社会をなぜ定常型社会として広井氏が描いているのかといえば、高齢化社会と環境問題とのかかわりによってです。しかも、定常型社会の登場は、経済システムの発展に即した自然な流れとして描かれています。経済システムが進化するに伴って、社会のありようが次のように変容したとされています。

①伝統的社会→②市場経済→③産業化社会前期→④産業化社会後期→⑤定常型社会

この進化過程は、消費構造、科学の基本的コンセプト、経済学のパラダイム、政治哲学、家族・社会構造という観点からの各段階の比較によって明らかにされます。たとえば、科学の基本的コンセプトは、②市場経済では「物質」、③産業化社会前期では「エネルギー」、④同後期では「情報」、そして⑤定常型社会では「生命」といったように変化します。

消費構造から見れば、②市場経済以降は「物質・エネルギーの消費」が優先され、④産業化社会後期では「情報」が重視されるわけですが、⑤定常型社会では「時間の消費」が浮上してきます。そうなると、人びとは文化、芸術などの余暇やレクリエーションにかかわる消費を優先的に楽しむようになります。

高齢化に伴ってケアの領域が重要視され、自己実現を目指す生涯学習や趣味の分野が拡大するというのも、経済システムの進化からすれば自然な流れであるというわけです。これによって、人がもっとも大きな充実感や喜びを感じるのは時間の消費によってである、という新しい生き方が浮かび上がってきます［広井（二〇〇三）二三三ページ］。

保守主義、自由主義、社会民主主義

政治哲学の観点からすれば、①伝統的社会では「保守主義」が支配していますが、②市場経済以降は保守主義と対立する「自由主義（リベラリズム）」が優勢になります。と同時に、新たな対抗思想として社会主義・共産主義が登場しました。そして、④産業化社会後期に入るころから「社会民主主義と環境主義」が頭をもたげ、自由主義と拮抗するようになりました。このような社会転換を理解するうえで重要になるのは、変化の軸としての二つの関係だと広井氏は言います。一つは「人間と自然との関係」、もう一つは「個人と共同体との関係」です。

社会のあり方が伝統的社会から市場経済へと転換する際の軸は、個人と共同体との関係です。その特徴は、個人が共同体から独立するということです。つまり、共同体の縛りから自由になるというわけです。市場経済が成立すると、私利（しり）への追求が価値をもち、消費が美徳とされるようになります。一八世紀の後半以降に起こった産業革命によって産業化（工業化）がスタートしたわけですが、そのときの転換軸は「人間と自然との関係」でした。簡単に言えば、人間が科学を介して自然を利用するようになり、人間が自然を支配するのが進歩であるという思想が普及しました。つまり、自然は、人間の好き放題に利用される対象となったのです。

伝統的社会では「人間と自然との関係」のあり方に価値を置いていましたので、この関係を変えようとしませんでした。つまり、保全（conservation）への志向が強かったわけです。広井氏はこの思想を「保守主義」と言っています。本来的には、保守主義は「開発」や「産業化」に否定的な意味をもっているのですが、日本の場合はちょっと違っていて、「〝保守派〟が開発や道路等の建設推進に積極的であるというのはある種の奇妙な『ねじれ』」［前掲書、一八七ページ］だと広井氏は簡潔に指摘しています。

日本では、列島改造論と高度経済成長期を経てこの「ねじれ」が王道になってしまい、公共事業による自然破壊は「成長」と翻訳されてきました。当時、このことに違和感を抱いた人は少なかったと思います。

個人が共同体に縛られている伝統的社会に対抗して生まれた自由主義では、個人の自由な活動が何よりも重視され、人間の利益のための自然や環境の無制限な改変に対して規制を加えることがありませんでした。一方、自由主義に拮抗する思想として誕生した社会民主主義は、これまでの安定した「人間―自然」の関係を解体することに懐疑的なスタンスをとり、そのために公的な制約や規制を設けようとしました［前掲書、一九七ページ］。

定常型社会では、伝統的社会のように人を共同体に従属する存在としてではなく、そこから自由になった存在として捉えます。と同時に、物質的な富を追い求め、他者をないがしろにする産業化社会の流儀とは異なり、相互扶助的な「ケア」を大事にします。人間と自然との関係においても、物質的な富の追求のために自然を科学でコントロールできると過信して収奪するのではなく、自然の価値を認めて壊さないように努めます。とはいえ、このような生き方は現代人にとってはちょっと難しいかもしれません。

里山資本主義を実践している人びとは、「肩の力を抜いて」仕事や活動を楽しむことでこの難しさを乗り越えているようです。と同時に、創意工夫によって達成感を抱くことや、役立ち合い、助け合い、人とつながることで克服しているように思えます。

定常型社会をめぐる広井氏の研究は、里山資本主義の意味を経済の進歩過程で捉えており、それが普遍性を帯びていることを浮き彫りにしています。里山資本主義の必然性を経済学・政治学・歴史学によって論証した、と言ってもいいのかもしれません。このように広井氏の理論は、経済的な利益と便利さばかりを追い求める「進歩主義者」が、実は進歩に逆行していることを示唆しているので実に爽快です。

定常型社会での自己実現

本書の第1部で言及した宇沢弘文氏も、第2部で触れた見田宗介氏も、この第3部の広井良典氏も、それぞれ専門は異なりますが以下のように共鳴する主張を展開しています。

――経済が発展し、ある程度豊かになれば、それ以上あくせく金儲けするよりも、その経済水準を維持しながら、どのように時間を消費するかを楽しめる。

それでこそ、人間の個性や創造性が開花するというわけです。成長ゼロでもやっていけるまでに社会と経済を発展させ、成熟させることはかなり難しいでしょう。でも、先人の汗と努力によって（客観的な言葉をきどって追加すれば、技術革新によって）これを達成したのですから、先人に感謝をしながら自分らしくゆっくりと楽しく時間を消費する過程、まさに素晴らしいと言えます。それでいて、結果として個性や創造性が育つのであれば最高です。

そこで、未来世代もその恩恵をそっくり享受できるように諸条件を整備したらどうでしょうか。シンプルですが、生きる手ごたえを感じられそうです。『里山資本主義』を手にした人びとの心に響いたのは、このような生き方から生み出される価値への共鳴ではなかったでしょうか。

このように述べると、「何よりも大事なのは開発による経済的発展（金儲け）だ。物質・エネルギーの消費・情報が重要で、それらの循環による金銭的利益と便利さの享受こそが生きる醍醐味であり、資本主義社会の王道だ」と宣言する大声が返ってくること請け合いです。より正確には、ただの資本主義ではなく、「欲望の資本主義」（ＮＨＫのドキュメンタリー番組のタイトル）ですし、国家のつくり出すビジネス・チャンスに企業が群がる市場経済とでも言ったほうがいいかもしれません。

このような経済至上主義の王道を邁進する人びとは放っておいて、自分たちは定常型社会を楽しもう！　そうした仲間も増えつつあるから先行き明るい、と楽観的なコメントが現在の社会においてできるでしょうか？　はっきり言います。それでは呑気すぎます！

では、なぜでしょうか。私たちは物的豊かさを手に入れるために凄まじい勢いで自然を壊してきたわけですが、今、自然破壊のつけがブーメランとなって人類に襲いかかってきているからです。地球温暖化、大気汚染、原発事故など、人類の存亡を脅かす問題が山積みとなっています。

地球環境の危機

エコロジカル・フットプリント

開発最優先の自然破壊に対して優柔不断ではいられない実態を、エコロジカル・フットプリントという概念を用いて少し詳しく説明します。

エコロジカル・フットプリントは、日常生活を維持するのに必要な一人当たりの陸地および水域面積として示されます。私たちは、食料や木材、そして石油などの燃料といった陸海の資源を利用して生活しているわけですが、人間の需要と生態系の再生能力とのバランスを示す指標がエコロジカル・フットプリントとなります。もう少し具体的に説明すると次のようになります。

農産物（食料）の生産に必要な耕作地（面積）、畜産物などの生産に必要な牧草地（面積）、二酸化炭素を吸収するために必要な森林（面積）、道路や建設物などに使われる土地（面積）などです。いわば、地球の自然生態系を踏みつけた足跡の大きさを測り、一定の人口や物質水準を永続的に持続させるために必要な土地（水域）面積を明らかにします。言うなれば、持続可能性がどのくらい残っているか、またどれほど危機的な状態かを示す指標であり、国別などで数値化されています。一例として、「問い」と「答え」という形式で示してみましょう。

問い　日本の人びとと同じような生活を世界の人びとがするとすれば、地球はいくつ必要か？
答え　二・九個。

私たちの生活は、これだけ地球に負荷を与えていることになります。世界自然保護基金（ＷＷＦ：World Wide Fund for Nature）のデータによれば、世界の人びとの生活を支えるには地球は一・七個も必要と言いますから、すでに地球の生産と吸収能力を超えていることになります。ちなみに、アメリカ合衆国の人びとの生活を世界中の人びとが送るとすれば、約五個以上の地球が必要となるようです。

地球一個で世界中の人びとが生きていける――これが当然とならなければなりません。そうでないと、次世代の未来を保証することができません。開発最優先に基づく経済発展という考え方から、地球の生態系のバランスを重視する考え方へのパラダイムシフトは、もはや「待ったなし！」の地球的規模の課題なのです。

先に触れた定常型社会と共通する「脱成長」理論を展開しているセルジュ・ラトゥーシュ氏（Serge Latouche, 1940～）は、脱成長への移行を目指す政策案の第一として、持続可能なエコロジカル・フットプリントの回復を挙げています。ラトゥーシュ氏は、大量生産・大量消費や金銭的利益第一主義を批判し、地球の有限性を考えれば、経済成長を絶対視する「信仰」を常識とせず、別の豊かさや幸せを求めるライフスタイルと社会像を築く必要があると主張しています。

ＷＷＦが、エコロジカル・フットプリントを減らす方法として以下の三つを挙げています。

❶持続可能な方法で生産された認証品を選択購入すること。
❷再生エネルギーの創出や拡大などといった新しい技術開発を支援すること。
❸二酸化炭素の排出量や食品ロスを削減すること。

認証品を選択し、購入するとはどういうことでしょうか。たとえば、家具や紙類など、木材を原料とする製品を購入する際には認証マーク（ＦＳＣ）が付いているかどうかを確かめようということです。

森林管理協議会（Forest Stewardship Council）という国際機関があります。ここでは、世界中の木材の生産・流通と加工の過程を調べ、環境保全を配慮し、乱伐などによらず、地域社会の利益にかなない、経済的にも持続可能な生産であることを確かめたうえで認証マークを付与しています。デパートに行けば家具に付いているのを見かけますし、身近なところではティッシュペーパーの箱（ネピア）にも付いています。つまり、エコロジカル・フットプリントを減らす方法には、個人の消費行動によって実践できるものもあれば、国家や企業の英断を必要とするものがあるということです。

持続可能な開発目標（ＳＤＧｓ）

最近は、持続可能な社会に代わって「持続可能な開発目標（SDGs:Sustainable Development Goals）」という言葉をよく耳にしたり、見かけたりします。二〇一五年九月に開催された国連サミットで決められた国際社会の共通目標です。

前項で見たように、地球が一・七個も必要な生活、つまり地球のキャパシティを超えた生活を送っているため、地球環境は著しく悪化してしまいました。イギリスの科学誌〈ネイチャー・コミュニケーション〉によれば、「第六の大量絶滅時代」(2)と言われるほど開発や乱獲で生きものたちが地球上から姿を消し、生物多様性が失われています。それでは、開発という名の凄まじい自

表　行動計画の17分野

①あらゆる場所で、あらゆる形態の貧困をなくす。
②飢餓を終わらせ、食料の安定確保と栄養状態の改善を達成するとともに、持続可能な農業を促進する。
③あらゆる年齢のすべての人びとの健康な生活を確保し、福祉を推進する。
④すべての人に公正な質の高い教育を確保し、生涯学習の機会を拡大する。
⑤ジェンダーの平等を達成し、すべての女性と女児のエンパワーメントを図る。
⑥すべての人びとに水と衛生設備（トイレ・上下水道など）を保障し、持続可能な管理を確保する。
⑦すべての人びとが手ごろで信頼できる持続可能なエネルギー（太陽光、風力など）を使えるようにする。
⑧すべての人びとのために持続可能な経済成長を促進し、すべての人びとが職をもち、働きがいのある人間らしい仕事ができるようにする。
⑨災害に強いインフラをつくり、包摂的で持続可能な産業化を推進するとともに、新しい技術を生み出しやすくする。
⑩国内および国家間の格差と不平等を減少する。
⑪都市や人びとが住んでいる所を、安全で災害に強い場所にする。
⑫持続可能な生産と消費のパターンを確保する。
⑬気候変動とその影響を軽減するための緊急対策をとる。
⑭持続可能な開発のために海洋と海洋資源を保全し、持続可能な形態で利用する。
⑮陸上生態系を保護し、復元し、持続可能な利用を推進し、森林の持続可能な管理を行い、砂漠化に対処し、土地の劣化を阻止して生物多様性の減少を食い止める。
⑯持続可能な開発に向けて平和で包摂的な社会を推進しすべての人びとに司法へのアクセスを提供し、あるレベルにおいて効果的で責任のある包摂的な制度を構築する。
⑰持続可能な開発に向けて実施手段を強化し、グローバル・パートナーシップを活性化する。

然破壊によって地球上にあまねく豊かさがもたらされたのでしょうか。とんでもありません！格差は広がり続けているのです。そこで、ＳＤＧｓが国連総会において全会一致で採択されたのです。

ＳＤＧｓは、貧困や格差をなくし、持続可能な社会を実現するために、二〇三〇年までに世界が取り組むべき行動計画です。「貧困」や「気象変動」など一七の分野から構成されており、一六九の具体的な目標が掲げられています。その分野は、余すところなく目配りされた構成となっています。本格的に世界中で取り組まれたら本当に素晴らしいものとなりますが、自然破壊をものともしない開発優先主義者（国家、自治体、企業など）からすれば利益の縮小につながる内容も含まれていますから、たぶん何とかすり抜けるように画策することでしょう。誰もが賛成するような見栄えのよい計画や目標は、とかくすり抜けやすいものです。

ＳＤＧｓはとても重要な行動計画ですが、身近な乱開発を目にしてきた私たちとしては、大がかりな国際的・国家的取り組みの具体化を願うとともに、ローカルな環境保全にも注意を向けざるをえません。と同時に、それがどのように実現されようとしているのか、またシステム的な視

（2）　地球は過去五億年の間に、大量絶滅期を五度迎えてています。最近の絶滅期は約六六〇〇万年前で、恐竜などが絶滅しました。

点に立った環境保全の道筋がどのように描かれているかをチェックしなければなりません。端的にいえば、市民参加がどのように描かれているかが重要となります。

ナチュラル・ステップ

それでは、環境問題の解決と自然環境の保全を進めるためにはどのような道筋があるでしょうか。市民活動による環境保全についてはすでに詳しく述べましたし、ナショナル・トラストの重要性にも触れました。ここでは、別の事例を紹介します。

それは「ナチュラル・ステップ」です。環境問題を解決し、循環型社会を実現しようとする取り組みで、スウェーデンにおいて、癌の研究者であるカール＝ヘンリク・ロベール（Karl-Henrik Robért, 1947～）氏によって推奨されました。その目的は、「健全で活力ある生態系を土台に、今よりもっと公平で価値があり、文化的にも豊かなライフスタイルを目指す」［カール・ヘンリク・ロベール（二〇一〇）三九ページ］もので、スウェーデンを持続可能な社会モデルにしようという壮大な構想です。

現在、「ナチュラル・ステップ」は財団として国際的に活動しています。ロベール氏はまず科学者のネットワーク組織をつくり、物理学、医学、化学、生物学などの専門分野から科学者を引き込み、環境教育プログラムを作成しました。また、職業人組織も設立しました。たとえば、「環境のために行動するアーティストたち」という組織がつくられています。

講想の核は、「さまざまな職業分野の人びとに対し、その職業的資質を自然への奉仕にあてるための機会を提供する組織をつくり上げようというものでした」［ロベール（二〇一〇）三八ページ］誰でも、環境のためにアクションを起こしやすくしようというものです。ちなみに、ナチュラル・ステップの支援企業・団体リストには、日本でも有名な「イケア」などが名を連ねています。

ここで想起されることが、スウェーデンという国が生涯教育・学習のメッカであるということです。子どもでも、大人でも、学びたいときに好きなだけ学ぶという生涯学習のメンタリティがここにも活かされているように感じられます。

義務教育においてすでに社会全般について学んできた子どもたちが、大人になってからもさまざまなことに疑問をもち、学び続けるという社会環境に生きる人たちだからこそ、このような組織ができ、世界中に影響を与える行動が取れるのでしょう。知識だけを追い求めて受験勉強を勝ち抜き、経済至上主義という社会環境の上部に位置する大人が権力をもっているどこかの国とはかなり違うように思えます。

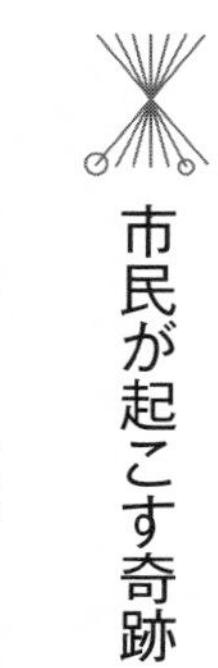

市民が起こす奇跡

スウェーデンに対抗するわけではありませんが、ナチュラル・ステップのような団体をつくり、社会に影響を与えていくためには、市民一人ひとりがこれまでの生活を振り返り（反省も）、さまざまなことについて学んでいく必要があります。そこで、これまでに述べてきたことをふまえて、「市民」をキーワードにしてまとめることにします。

市民の力

第1部と第2部の結論として述べたことは、強制収用手続きがはじまってしまった里山「関さんの森」の四分の三が生き残ったということです。これは奇跡です。この奇跡を起こしたのは市民でした。一人ひとりが里山を守るために何ができるかを考え、諦めずに市民ができることを実際に行った結果なのです。

署名活動、フォーラムやシンポジウムの企画と参加、自然観察会、ビラ配りなどといった多様な活動が実を結び、樹木や草、鳥や昆虫、そして地中の微生物などといった里山の生きものたちの命がつながりました。生きものたちの子育て、いわば種の持続がこれまで通り可能になったのです。さらに、この地域の歴史的景観も守られ、風景に溶け込んだ先人たちの文化も保存されたのです。

元々、市民運動は道路建設を止めようというのではなく、自然破壊の少ない安全な道路を造ってほしいというものでした。一九六四年に開催された東京オリンピックのときに引かれた道路計画線を少し変更して、自然を護ってほしいということが運動の基礎となっていました。公共利用されている森を護るという、一見単純な願いがかなえられるために、恐ろしいほど苦しい闘いを強いられたのです。

協力者のお名前を挙げていったら何ページあっても足りません。友人の友人が私たちの理念に賛同して署名をたくさん集めてくれたように、自然保護に対する人の輪がどんどん広がっていきました。マスコミ報道のおかげで、日本中から署名が送られてきました。心の底から自然を大切に思い、慈しみ、護ろうとする人びとが少なくないことが分かり、それが糧(かて)となって苦しい闘いに耐えるだけの力を生み出してきたのです。

市民が「地域」を再考する

闘いを経て、二つの確信とも言える思いをもちました。一つは「地域」についての、大袈裟に言えば「仮説」のようなものです。もう一つは、開発と公共事業がつくり出す環境問題を考える際の一つの視点です。この二点について、私なりの意見を述べたいと思います。

これまで、地域に根ざす自然保護運動の重要性については識者によって主張されてきました。そこで、「地域」について改めて考えてみました。都市部や都市近郊の里山を見れば、自然を護りたいと活動する人もおれば、自然を破壊して開発しても構わないとか、区画整理事業を経て土地を業者に売り渡したいという人もいます。農業で生計を立てていくことが難しくなったエリアでは、こうした意見も当然出てくるでしょう。

「地域住民が一丸となって」といったニュアンスを帯びた「地域」という表現にこだわると、時には現実離れした認識をしてしまう可能性もあります。要するに、「地域神話」に浸らないほうがいいと私は思っています。

ある里山を護り、育む人、訪問して利用する人、風景としての里山に癒される人、つまり、その里山に特別の意味や価値を感じている人びと、また自然発生的な喜びを感じつつ里山の価値を紡ぎつつ運営・管理する人びと、こうしたつながりと活動（もちろん、関与の仕方に強弱があります）の及ぶ範囲が共同体（地域）と言えます。さらにひと言加えれば、こうした人びとによる相互援助のネットワークが張りめぐらされたところ、それが「里山共同体」と言ってもよいでしょう。

住んでいるところが違っていても、里山の維持に携わるとか、自身が生きるうえで里山を特別なものとして位置づけている人びとは、地域としての里山とその地域の意味を成立させていることになりますので「地域構成者」と呼ぶことができます。それは、地域住民という一般的な概念とは異なり、一人ひとりの「実存」がかかっているという意味においてとても重要な概念となります。

こうした意味で、「地域」という表現を使いたいと私は思っています。言うまでもなく、行政区域を示す地域と里山共同体の両方が部分的に重なっている状態がもっとも好ましいと言えるかもしれません。

開発・公共事業の裏に潜むものを市民が読む

道路問題に取り組むことで、開発と公共事業にかかわる環境問題の捉え方が少し変わりました。偏見のそしりを恐れずに述べていきたいと思います。

道路建設やダム建設といった開発事業は多大なる費用がかかるため、通常は公共事業として取り組まれることになります。公共事業には、ダムや干拓事業などといった大規模なものから、市道などの中規模事業までが含まれます。当然、開発には多くの税金が投入されることになりますから、表向きは見栄えのする、誰しもが反対しない開発計画が作成されます。

そんな自負があるからでしょうか、国であれ地方であれ、行政はその計画の遂行という立場に立って事業を行い、着手すると「絶対」と言っていいほど変更することはありません。ひたすら開発を完遂する、という立場を取り続けることになります。

大規模な開発事業には、常に賛否両論があります。諫早湾の干拓事業を例にとってみましょう。干拓事業計画を実施し、湾を鋼板で閉じたものの、(3)次々と起こる環境問題に対処せざるをえなくなり、新たな事業費が計上され続けてきました。当然、費用はどんどんかさみ、総事業費は二五三三億円にまで上りました。なんと、当初予定の倍にもなったのです。でも、事業の費用対効果を見ると、農林水産省によれば「0.81」となっており、「1」を下回っているのです。

開門派は、二〇一〇年に福岡高裁で「国は開門すべき」という判決を得ています。一方、開門反対派は、二〇一三年に長崎地裁で「国は開門すべきではない」という仮処分決定を獲得しています。これが、開門を求める漁業者と開門させたくない農業者との二〇一七年における対立状況でした。二〇一九年六月、最高裁は堤防排水門の開門を認めないとの決定を下しました。

長期にわたる干拓事業の紆余曲折に伴って住民間の利害関係も複雑に変化し、漁民も農民も苦しんできました。こうした錯綜した住民の対立としこりについては、『からくり民主主義』（新潮文庫、二〇〇九年）という本で詳しく述べられています。微に入り細をうがつ詳細な取材によって隠れていた実相が明るみ出され、絡み合った利害関係は容易にほどけるようなものでないことが分かってきます。

公共事業としての開発が、住民間の対立や気持ちの行き違いを幾重にもつくり出してきたわけですが、私は諫早湾干拓事業について意見を述べたいわけではありません。言いたいことは、以下に示す不合理で不思議な話です。

諫早湾干拓事業のように六五年前に立てられた開発計画であれ、私たちが直面した道路問題のように一九六四年の開発計画であろうと、前述したように、行政は一度立てた開発計画は必ず遂行するという立場を崩さないことです。時代遅れになった計画もしかりです。「時のアセスメント」(4)による計画中断が生じる場合もありますが、ほとんどの開発計画においては行われません。

では、策定された開発計画は絶対に実施するという行政の強い意気込みがあるにもかかわらず、計画実施がなぜ遅れるのでしょうか。ごく普通に考えて、「不思議」としか言いようがありません。ところが、このタイム・ラグに「うまみ」を見いだす人びとがいるのです。

開発計画の情報をいち早く入手できる一部の人びとが、先手必勝の動きを起こします。つまり、土地の買収や区画整理事業に着手するわけです。この時点で投資が行われます。だから、時代状況が変わって開発工事の必要がなくなったからといって、開発計画が「沙汰止み」になることが

(3)　閉じる様がまさにギロチンのようでありましたので、「ギロチン」と言われることもあります。
(4)　長時間進捗しない公共事業を、行政機関が時代状況の変化を踏まえて再評価し、中止や継続の判断をすることです。

ないのです。そんなことになったら損をする人たちがたくさん出るため、どうしても開発工事を開始しなくてはならないのです。

行政は、公共事業の事業者として強引に計画を完遂しようとします。諫早湾干拓事業では、国は「公益の体現者」(5)という立場よりも、「自ら造った堤防を開きたくないという事業者」の本音を優先したようです。

開発計画の遂行という揺るがぬ立場と実施の遅れ、および事業の長期化は、住民や市民の間に対立や感情のもつれ、そして亀裂を幾重にもつくり出すことになります。その一方で、一貫して傷つかず、利益を上げるだけの人びとも生み出されているのです。これは、構造的なからくりと言えるでしょう。

後者の代表となるのが、開発工事を受注し、税金が流れていく先の企業、つまり土木・土建業社やゼネコンです。開発工事によって新たな環境問題が起これば、それを解決するために行政は新たな発注を行うことになりますので、またまた開発業者は利益を上げることになります。

「住民には対立と困惑の連鎖、開発業者には利益の連鎖」

このような「連鎖」は、諫早湾干拓事業にかぎったことではありません。過去数十年にわたって、公共事業が行われるたびに繰り返されてきました。それゆえ、公共事業と開発がリンクしたて永遠不滅の業種といえば、土木・土建業やゼネコンとなるのです。この業種に含まれる企業は、日本の高度経済成長期に大いに活躍しました。俗に「箱物」と呼ばれる美術館や博物館を建てる、新幹線を走らせるといった華やかな経済発展の立役者であったのです。そう、早い話、インフラという社会的共通資本を充実させる仕事をこれらの企業が担ってきたわけです。

こうした歴史的な役割を果たした土木・土建業社やゼネコンの存在意義を認めつつも、また災害時の復興において活躍していることを評価しても、もうそろそろ自然破壊を差し控えてもらえないか、と願わずにはいられません。森林などの自然も同じく社会的共通資本なわけですから、破壊された自然環境を元へ戻す事業や、植物や動物が生きやすくなるように環境を治癒する仕事にも、その優れた技術と能力を使っていただけないものかと願うばかりです。このような公共事業、それこそ多くの市民が望むことではないでしょうか。

でも、「そんな願いはお門違いである」という声が聞こえてきそうです。開発を進歩と見なし、永遠に経済成長を追い求める政治指導者がいるかぎり、今後の政策が変わることはないでしょう。しかし、こんな政治指導者が少なくなれば……。

ようやく定常型社会に入り、趣味などに費やす時間を楽しむ人が多くなってきました。人びとは、安心で安全な生活を求めています。それだけに、技術に長けた専門集団である土木・土建業

(5)〈朝日新聞〉二〇一七年四月一二日付において掲載された福井秀夫氏の「耕論」というコラム参照。

社やゼネコンにしかできない仕事がたくさんあります。すでに行われているインフラの老朽化対策や、すでにある道路の根本的な補修工事などです。これらのことが中心となり、自然環境を新たに破壊することなく、生きもの世界のさらなる破壊には手を付けず、安心な生活をつくる事業に先端技術を活用してもらいたいものです。

自然をめぐる大人の生き方と子どもたちの声

自然環境という里山を保全し、里山とともに生きることに自然な喜びと達成感を味わうという生き方は、大量生産・大量消費という生活スタイルとは一線を画します。里山とともにあることを楽しむという生き方は、自然環境、つまり社会的共有資本を大切にしますので、資源とエネルギーを大量消費することもなく、有限な地球資源を無駄にすることがありません。ですから、地球環境にもよい生き方となります。

さらに、資源の大量消費によってつくり出される地球上の格差を広げることがありませんし、むしろ縮小傾向に向かわせることになります。そして、『里山資本主義』が示すように、エネルギーの入手をめぐる国際的な戦略や紛争からの自由度を高めることにもつながります。

そうなんです！　里山保全活動は、鳥や虫や動物を護り、多様な植物の命を応援し、地球の生きもの世界の再生産を支えて、地球温暖化の抑止にも微力ながら役立つのです。

自然が大切だと思ったら、自然を護るために一人ひとりができることをやってみましょう。そんな些細なことでは自然破壊は止まらない、あまりにも楽観的な見方だと笑われそうですが、まずは諦めずに、できることから行動を起こしましょう。環境破壊によって経済が成長するという現代社会のメインストリームからすれば微力かもしれませんが、こうした行動の波が、自然破壊による経済成長という常識の石をも穿（うが）つかもしれません。

私たちは、どうしても誰かが決めた基準に従って行動してしまいやすいものです。その基準に馴染むようにまかれる餌をついばんでしまい、心までも譲り渡してしまいます。自然破壊によってつくられる便利さとモノの豊かさ、それを可能にする金銭的な豊かさという基準で競いあい、勝者こそがかっこいいと、いささかジェラシーをうずかせながら思ってしまうものです。でも、それって本当にかっこいいのでしょうか。

自然を壊すか、自然を護るか――自然とのかかわり方をめぐる価値観を問われる場面において、自然を壊して財を得る側に立たず、自然環境を大事にする価値観に基づいて活動（保全活動、署名、発言、運動など）し、人とつながり、仲間の役に立つ、という選択肢もあるのです。現代社会のマジョリティとは異なる決断ですから、ちょっと勇気を必要としますが、このような生き方には自ずと「潔さ」と「誇らしさ」が宿ります。自然保護の市民活動や運動を行う人、あるいはそれらを支援する人びとは、このようなすがすがしい環境のなかにいるのです。

宮沢賢治は『虔十公園林』という作品で、木を植え、護った虔十の話を書いています。樹木を大切にする虔十は「愚か者」だと見くびられ、伐採を強要されても木を守ったためにいたぶられ、散々な思いをします。でも、めげることなく杉の森を護りました。そのおかげで、後世の人が誇りに思うりっぱな杉林が残ったのです。虔十の森は、後世の人びとに憩いと潤いを与えたのです。もちろん、これはフィクションですが、今ある自然環境を大事にする賢い「愚か者」になって、みんなでノンフィクション・ドキュメンタリーを紡いでいきませんか。

里山は、人間とその他の動植物とがつくり出す生きものの世界です。人の命とその他の動植物との、命の合作なのです。もちろん、地球も同じです。里山の生きもの世界を保全することは、人とその他の動植物との調和を大切にし、地球上の生物多様性を支え、地球温暖化の確実な歯止めともなります。

里山は、地球の自然保護の小さい拠点です。そうした拠点がネットワークを形成する、それ以上に素晴らしいことはありません。人間や他の動植物を抑圧して「勝利する」のではなく、人や他の動植物とともにあることで幸せになり、互いに役立つことで喜び、和む、こんな生活スタイル、悪くないですね。

何よりも、里山のなかにいると、なぜかホッとして心が安らぎます。木々の間を渡る風はどこまでもかぐわしく、自然と一体となったこの心地よい時間が続くようにと思わずにはいられません。こうした実感、かけがえのない人生の宝だと思いませんか。

本章の結びとして、「関さんの森」にやって来て、体験学習や探検を楽しんだ子どもたちの感想を紹介しておきましょう。まずは小学二年生です。

「町たんけんの時、せきさんがしぜんのことをたくさん教えてくれて、自然がすきになりました。これからもしぜんのべんきょうをしたいと思いました」

「先月、たんけんで、せきさんの森に行かせていただきました。せきさんの森には、すごいものがいっぱいあることをしりました」

「せきさんへ　いろいろなことをおしえてくれて、すごくためになりました。ざくろやあけび、からすうりなど、いろいろなものを見せてくれてありがとうございました」

「せきさんの森を見てすごいなと思いました。自然がたくさんありました。こんどきかいがあれば行きたいです」

次は小学三年生です。

「森の中は温度さがあった。ふつうのぜんたいは、外よりもちょっとさむいくらい。坂（筆者補足・森には高低差があり、日当りのいい平地に上る坂）の上はとてもあたたかかったです。一番さむかったのは……竹の中です。急に温度がかわったのでビックリでした」

「春のいのち！　春の命がいました。それはバッタのあかちゃんです。とても小ちゃくて…こんごがきになります」

「せきさんの森にひさしぶりに行きました。お庭に行ってみると、梅がまん開になっていたり、冬なのにまつぼっくりや、どんぐりがあって、びっくりしました！　せきさんの森はなぞがいっぱいだなと思いました！」

「せきさんの庭で春を見つけました。スイセンはき色と白の色がありました。ほかに小さいさいたばかりのスミレがありました。ツバキがすごいいっぱいあって、ピンク、赤、白いろいろな色がありました。シジュウカラを見ました。木の色とにていました。小さかったです。くっつき虫という草があります。名のとおりようふくとかにくっつきます。ペンダントみたいでおもしろかったです。あと花ダイコンというむらさきの花がありました。くきがふとかったです。もうあじさいは葉をだしていました」

　この子どもたちは、きっと動植物と共生できる未来の地球市民になること請け合いです！

「関さんの森」に来られたすべての子どもたちの未来に、期待します！

エピローグ

里山保全に熱心な動物園があると聞いて、さっそく訪問しました。「富山ファミリーパーク」です。里山保全と野生動物の保護に取り組むユニークな動物園です。でも、動物園がどうして里山保全にも尽力するのでしょうか。そのわけを山本茂行氏（インタビュー当時園長でした）に聞いてみました。

インタビューの核心部分に入る前に、富山ファミリーパークを少しばかり紹介します。当動物園は、富山駅から車で一五～二〇分のところにあります。市内から行くと、呉羽（くれは）丘陵に沿ってしばらく車を走らせ、さらに丘陵を越えていくことになりますので、さしずめ「トンネルを抜けると、そこは動物園であった」となります。

呉羽丘陵の起伏を利用して造られた富山ファミリーパークは、奥行きのある造りとなっています。ともかく広い！　ここでは、緑に囲まれ、ゆったりとした時間の流れを楽しむことができます。園内バスが一時間に二本走っており、来園者の便宜を図っています。まず、ユニークな動物園としての基盤となっている特徴を紹介しましょう。

富山ファミリーパークの特徴

動物園といえばキリンやトラ、ゾウなどの野生動物が展示されているというのが定番ですが、ここ富山ファミリーパークでは里山の風景が維持されており、里山の生きものたちが暮らしているのです。「トンボの沢」や「ホタルのおやど」、そして「カエルの谷」というのもあって、まさに里山そのものです。また、以前は里山に暮らしていた家畜も飼育されています。たとえば日本鶏舎を見ると、ニワトリとはこうも色とりどりで美しいものかと驚いてしまいます。

もちろん、定番の野生動物たちも元気に来園者を迎えてくれます。東口（正門、切符発券所）から入ると、フラミンゴ（チリーフラミンゴ）が淡い桜色の美しい姿で出迎えてくれますし、その脇ではアミメキリンとグレビーシマウマがのんびりと散策し、その先にはアムールトラがその雄姿を披露しています。

富山ファミリーパークには、ホンドタヌキ、ニホンザル、ホンシュウジカ、ニホンカモシカが並んで飼育されています。日本の

アムールトラのヤマト（雄）（撮影：曽根直子氏）

アムールトラのミー（雌）（撮影：曽根直子氏）

里山に生息してきた野生動物が飼育されている、なんとも懐かしい展示エリアがあるのです。場所は異なりますが、ニホンツキノワグマも見学できるほか、木曽馬や野間馬といった日本在来種の馬にも会えます。主に木曽地域で飼育されてきた木曽馬は中型馬で、現在二〇〇頭もいないと言われています。一方、野間馬は愛媛県今治市（野間）で飼育されてきた小型の馬です。もちろん、ここでは乗馬を楽しむこともできます。日本在来種の野生動物たちがオールスタッフで見学者を迎えてくれる動物園、それが富山ファミリーパークの最大の特徴と言えます。

園内には郷土博物館もあるのですが、そのすぐ横では、ホンドタヌキ、キツネ、ニホンアナグマ、ハクビシンが飼育されていました。ニホンアナグマは、運動場から小さなトンネル状の管を通ってガラス張りの展示場に移動できるようになっているので、動きまでつぶさに見学することができます。

郷土博物館の内部は少し暗くなっていて、アオダイショウをはじめとしたヘビやカエル、そしてモグラなどの生態が見学者に分かるように展示されています。本書で述べた「関さんの森」では会う機会がめっきり減少したアオダイショウに久しぶりに会えて、まじまじと見学してしまいました。里山で生きてきた野生動物たちに次々と会えるところ、それが富山ファミリーパークなのです。何と表現すればいいのでしょうか、ひと言、感動でした！（は虫類を嫌いな方、ごめんなさい）

実はここ、日本在来種や郷土の動物が飼育されているだけでなく、木曽馬の運動場の傍には物置が設置されていて、馬具や農機具までが何気なく置かれているのです。そう、どのようにして動物と人間が一緒に暮らしていたのかを垣間見ることもできるのです。その運動場の近くには、ニワトリが放し飼いに近い状態で飼育されていました。かつての里山における生活場面が蘇ってきます。

里山の生きものが飼育され、見学者は里山的な飼育環境で生きものの生態を学ぶことができるという動物園、おそらく日本で唯一でしょう。そういえば、タヌキが元気に走る姿を何度も目にしました。それもそのはず、富山ファミリーパークのキャラクターはホンドタヌキの「里ノ助」なのです。「里を助ける」という願いが込められているそうです。

ニホンライチョウの特別プログラム

二〇一九年春、待ちに待った日本ライチョウの展示公開がいくつかの動物園（恩賜上野動物園、大町市山岳博物館、那須どうぶつ王国、石川動物園）ではじまり、話題になっています。実は、富山ファミリーパークのもう一つの特徴としてニホンライチョウの特別プログラムがあるのです。しかも、このプログラムの理念は里山保全の思想ともつながっているのです。ちなみに、当園では二〇一九年三月一五日からオスのニホンライチョウ二羽がお披露目されました。「ライチョウ舎」はニホンカモシカの展示場と向かい合っていますので、富山を代表する特別天然記念物をほぼ同時に見学することができるわけです。

特別プロジェクトとして、ここではニホンライチョウの人工飼育に取り組んできました。二〇一五年度、ファミリーパークと恩賜上野動物園が乗鞍岳から採卵を行い、人工孵化をはじめて成功させました。山本元園長は、ライチョウの保護・繁殖について、「生息域の安定的維持が重要である」と強調しました。そして、「ニホンライチョウの飼育技術の向上が課題である」と言っていました。ご存じでしょうか、ライチョウは日本では神格化されており、古くは「神の鳥」と言われてきたのです。

さて、二〇一六年、ファミリーパークのライチョウ展示場には、スバールバルライチョウがいました。まだ初秋だったのですが、羽毛がすでに白くなりはじめていました。飼育員の話によれば、冬に向かって真っ白になると言います。ノルウエーに生息する大型亜種のスバールバルライチョウがなぜ飼育されているかといえば、遺伝子的にニホンライチョウに近いため、ニホンライチョウの飼育データを取るのに適しているからです。この二つの動物園に加えて、多摩動物公園、茶臼山動物園、いしかわ動物園、横浜市繁殖センターがスバールバルライチョウの飼育と研究に取り組んできました。

富山ファミリーパークは、二〇一二年、スバールバルライチョウの自然繁殖に国内で初めて成功し、母親は八羽のヒナを育て上げました。ニホンライチョウの飼育と繁殖に成功すれば、やがてはライチョウの野生復帰も望めるかもしれないわけですが、そのためには三五〇羽の飼育が必要だとのことです。でも、日本中の動物園におけるライチョウ飼育のキャパシティはそれにこたえられるほど十分ではないのです。しかも、野生復帰は生息域で行うために財政的な準備も必要となります。

日本における野生動物の保護政策の貧困を物語るデータとなりますが、なんとライチョウの繁殖・保護の費用を出しているのは、主に富山市民なのです。つまり、市民が動物保護を支えていることになります。驚くことに、二〇一六年当時、約五〇種の動物保護のために国が出している資金はたったの三億円で、その内の一・五億円がトキのために支出されているというのが実情でした。どう考えても、「環境立国」というのにはほど遠い状況です。動物保護や自然環境の保全について、国政に携わる政治家が関心をもっていないということでしょう。

環境省などのデータによれば、一九八〇年代のライチョウの生息数は三〇〇〇羽と推定されていました。でも、二〇〇〇年代には二〇〇〇羽弱に減少し、現在は一七〇〇羽とも言われています。環境省が発表している第四次レッドリストでは、ライチョウはその絶滅深刻度を上げたために絶滅危惧Ⅱ類から引き上げられ、絶滅危惧ⅠB類（EN）に含まれることになりました。その生息地は、遺伝子の多少異なる五つのブロック——頸城（くびき）山塊、北アルプス、乗鞍岳、御嶽山、南アルプス――からなります。

また、南アルプス北部でのライチョウの減少が著しいと指摘されています。テンやキツネの糞にライチョウの羽が含まれていたため、これらの野生動物に捕食されたと見られます。とはいえ、これらの動物たちは以前から生息していたわけで、なぜライチョウが捕食されるようになったのでしょうか。この点について、日本水族館・動物園協会の会長を歴任されている山本茂行氏に尋ねました。

ライチョウの減少と里山の荒廃

山本氏は、「ライチョウが捕食されるようになった根本的な原因は里山の荒廃にある」と言います。さらに、「人間と野生動物との関係の変容は、もとを正せば里山の疲弊から起こっている」とも語りました。山本氏の言う里山とは、「日常生活を営む住まいの範囲内にあり、自然の力に依拠しながら農林業などの生産活動の場として利用する山野」［渡辺守雄ほか（二〇〇〇年）二六〇ページ］のことです。自然の力に依拠する生産活動の場をまとめて「里山」と捉えています。では、里山の荒廃がなぜライチョウ減少の原因になるのでしょうか。簡単に説明すると、以下のようになります。

人間が生活のために自然環境をほどよく管理してきたところ、それが里山なのですが、近代化に伴って人びとが里山から撤退しはじめました。人間の出入りがなくなると、そこにキツネやイノシシなどの動物たちが入ってきて、野生動物の世界になっていったのです。

野生動物たちは盛んに繁殖してその数を増やしていったため、動物たちの生息域として里山は手狭になってしまいました。そこで野生動物たちは、高山帯と平地に生息域を拡大していったのです。そのため、高山帯に生息していたライチョウが捕食対象になったのです。これ以外にも、高山植物を食して生きてたライチョウに代わって、その植物の根をイノシシが食べてしまうという問題も生じています。また、人間が里山に立ち入らなくなると野生動物は人間を恐れなくなり、キツネやイノシシなどが平地の畑などにも現れるようになりました。

「三〇年前なら野生動物を見ることは珍しかった。クマなどは人間を恐れ、野生動物と人間との接触事故も起こらなかった」と、山本氏は話していました。

かつては、里山に木々が密生するということはありませんでした。コナラなどは、直径一二〜二〇センチになると炭焼き用として伐採されたからです。人が出入りする里山の森林はいわばスカスカ状態で、クマなどが身を隠す場所もなかったのです。だから、人と動物との関係に混乱が起こることがほとんどなかったのです。しかし、人が里山から撤退し、里山の恵みを享受しなくなると木々は密生し、野生動物があふれると同時にダニなども増加しました。野生動物が畑などに出没するようになると、寄生していたダニがペットにうつることもあるようです。人間と里山との関係に生じた変化が、動物間にもさまざまな変化の連鎖を生み出し、それらがライチョウ減少の原因となっていったわけです。

今、人びとは自然環境にあまり関心をもたず、野生動物との付き合い方を忘れてしまっています。逆に、クマなどの野生動物は人を恐れなくなったというわけです。里山という「人と生き物との緩衝地帯」[『富山ファミリーパーク三〇周年記念誌』五ページ]がなくなったことが、人を含む生きものたちの調和を失わせたということになります。

動物園のコンセプト

富山ファミリーパークは、地域の生きものを展示・飼育するというユニークなコンセプトを軸として成長してきましたが、当初は「おもらい動物園」と揶揄されたそうです。なぜかといえば、動物商が相手にしない日本産の野生動物を日本中の動物園から譲り受けていたからです。怪我をしてバックヤードに保護されているタヌキやシカなどを、各動物園が喜んで譲ってくれたそうです。富山ファミリーパークは一九八四年に開園されてから三〇年が経ち、今や約五〇の組織（各地区自治体、ライオンズクラブ、小学校、天文台など）が参加する「くれは悠久の森事業」[1]の核となっています。里山を育み、動物を育てるというユニークな動物園、それが富山ファミリーパークなのです。

里山は、「今や都市住民にとって、心の糧（かて）を得る場になっている」と山本氏は言います。だから、里山を気持ちのよい場所にする必要があるのです。それができずに放っておけば、野生動物と人間との関係に葛藤が生じ、動物たちを管理する必要が出てきます。ある程度森が整備され、人間も健康で気持ちよく、動物たちも食物連鎖のなかで生を全うする——それぞれの命が大切にされる、調和した生きもの世界を富山ファミリーパークは追求しています。

園内にある「カエルの谷」（撮影：曽根直子氏）

山本元園長をはじめとして動物園の関係者は、当初から地元の自然と地域の人びとをとことん大事にしてきました。創設時に盛んであった自然保護運動を尊重して、樹木の伐採をせずに竹林や畑に施設を造りました。だから、三三ヘクタールの敷地に展示場や関連施設が点在しているのです。三〇周年を迎えた富山ファミリーパークのコンセプトは、「森を元気に、ヒトを元気に、命を元気に、地域を元気に」となりました。

動物園の環境教育

富山ファミリーパークは、環境教育にも熱心に取り組んできました。動物園は「何を、いかに、誰に伝えるところなのか」と考え抜いた山本氏が出した結論は次のようなものでした。

二一世紀の動物園が伝えるべきこと、それは「自然と人のあり方にかかわるメッセージ」と「自然と人のつながり――共生の思想」［渡辺守雄ほか（二〇〇〇）二三五ページ］でした。さらに、山本氏は言います。

「動物園は、自然や動物の営みを通じて、つながりあって調和をもって生きることの大事さをつかむことができる場所だ」［渡辺守雄ほか（二〇〇〇）二三八ページ］

自然と「つながりあって調和をもって生きる」という共生の思想を育む、これが環境教育の核となっているのです。自然（野生動物、家畜、昆虫、樹木、草など）と一緒にあることを懐かしく思い出したり、自然との一体感が心地よくなったりするように促す環境設定、それが富山ファミリーパークの環境教育です。そのうえで、野生生物と人間との関係のリアリティーを、里山保全という方法で確保し、動物園の内部および周囲で生物多様性を維持しているのが富山ファミリーパークです。これは、野生生物と人間との共生に向けた挑戦なのです。

（1）二〇一一年九月に設立された「国連生物多様性の一〇年日本委員会」（UNDB-J）によって認定された連携事業となっています。

あとがき

淡い、青い空を見ました。都市計画審議会の結果を知らされたときのことです。心のなかに浮かんだのは、とてもとてもやわらかな青い空でした。

二〇一九年五月三一日、松戸市の都市計画審議会において都市計画道路の変更が決定されました。わずかに迂回することで森の八割を救った新設市道が、正式に都市計画道路3・3・7号線になったのです。森の生きものたちを救ったのは、言うまでもなく「関さんの森を育む会」のメンバーによる里山保全や環境学習などの公共的な活動でした。

今、振り返ると、強制収用に立ち向かい、道路の線形変更を実現するために過ごした一一年間はとても長かったし、不安で眠れない夜もありました。もう駄目かもしれないと思いかけたこともありました。そうしたとき、体験学習にやって来る子どもたちのうれしそうな、生き生きとした笑顔と弾む声から勇気をもらってきました。

でも、多様な方法で攻めてくる行政権力に対して、自然破壊を民意では縮小することさえできないのだろうか、と唇を噛みしめました。自然観察や学習で楽しそうな人びとを見ると、思わず「ごめんなさい」とつぶやき、人知れず涙を流したこともあります。もしかすると、来年はサクラの花も、すがすがしい新緑もないかもしれない、昆虫もいないかもしれない、と思ったからです。

それでも決してあきらめませんでした。自然を護ろうという仲間がいるから。仲間たちもあきらめませんでした。こうした一一年間の気持ち、なかなか言葉で表現することができません。ある楽曲が私の気持ちをすなおに語っていることに気付きました。ゆず（フォークデュオ）の『栄光の架け橋』です。この曲はアスリートを応援するためにつくられたもので、二〇〇四年に開催されたアテネオリンピックにおけるＮＨＫ放送のテーマソングともなりました。

拙い本書を上梓することにした理由は二つです。一つは、里山保全活動と自然保護運動の記録を残し、活動し、学び、闘った仲間への敬意と感謝を表すためです。二つ目は、私たちと同じように開発による自然破壊に苦しんでいる人びとに、ささやかながらエールを送りたいと思ったからです。そう、『栄光の架け橋』がアスリートを励ましたように。

なんとしても自然を護ろうと行政権力に立ち向かうのには勇気が必要です。権力と対峙するというのは、誰にとっても怖いものです。でも、多くの人びとが自然を護るために立ち上がりました。署名や行政への手紙、フォーラムなどイベントの企画と出演あるいは参加など、顔が見えるさまざまな行動で矢面に立ったのです。自分の考え、思想を具体的な行動で示し、生きものの世界に命の架け橋を渡した人びと、里山を護ってくださった方々に心からの敬意を表します。ありがとうございました、本当に、本当に！

松戸市内の自然保護活動を少しでも支援しようと、「一般財団法人関さんの森環境財団」が発足しました。社会的な責任を果たし、自然保護活動支援を継続できればと考えたからです。あまりにも小さな財団ですが、成長すれば支援地域を広げていきたいと願っています。

「あとがき」では、お世話になった方々のお名前を挙げて、謝意を表するのが一般的な礼儀となっています。でも、本書で伝えた自然保護活動・運動に参加し、協力した方々はあまりにも多く、お名前を挙げていたら何ページも必要としてしまいます。そこで、どなたのお名前も書かないことにしました。どうぞ、この非礼をお許しください。

本書の作成にかかわって、お世話になった方々をご紹介し、お礼を申し上げたいと思います。まず、写真ですが、撮影者の名前がキャプションにないかぎり、すべて山田純稔さんの撮影によるものです。写真をご提供くださり、ありがとうございました。山田さんが撮影された大量の写真から、本文にふさわしいものを選び出し、編集者の武市一幸さんと相談のうえで掲載写真を決定しました。また、木下紀喜さんからも口絵などの写真を提供していただきました。ありがとうございます。

原稿を読んで温かなアドバイスをくださった安藤聡彦さん、岡田進さん、木下紀喜さん、山田純稔さん（アイウエオ順）そして姉の美智子のおかげでなんとか本が仕上がりました。ありがとうございます。そして、とても丁寧に編集作業をしてくださった株式会社新評論の武市一幸さんに感謝いたします。

本書を「ツヨちゃん」と「たっちゃん」に捧げたいと思います。ツヨちゃんは、シルバーグレーの長毛のネコでした。行政の職員が大勢で押し寄せても、怯えず、ひるまず、その堂々とした雄姿にどんなにか勇気づけられたことでしょうか。二〇一八年、一八歳でこの世を去りました。ツヨちゃん、ありがとう！

都市計画道路の線形の変更が公示され、一〇年以上張りつめていた気持ちが緩んだとき、ふた昔を寄り添ってくれた伴走者のたっちゃん（ネコ）が急逝しました。道路問題が厳しくなってからの約一〇年間は、気持ちが完全に晴れることがなく、行政の猛攻と優柔不断な引き延ばし策によってたびたび心臓が引きちぎられそうなストレスを感じることがありました。それでも耐えしのげたのは、たっちゃんが存在していたからです。

気持ちが折れそうなときでも、たっちゃんの優しい眼差しとかわいい声によって希望が蘇りました。目が合えば、たっちゃんは必ず優しい声をかけてくれました。たっちゃんのやわらかい、シルクのような長い赤毛をなでると心が落ち着き、生きる力が湧きました。公示後、たっちゃんは「もう大丈夫だね」と言って去っていったのでしょうか。たっちゃんには、どのように感謝してもし尽くせません。合掌。

最後に、ご報告とお知らせです。

「関さんの森 ふるさとの集い」を、二〇一九年一一月一七日に「関さんの森」で開催しました。「エコミュージアム」のプロジェクト「門と蔵の再生事業」の一環で、蔵のうち一番古い「雑蔵」をミニ博物館にする構想がありますが、イベントはこの構想を具体化するための大きな一歩でした。雑蔵内に保存されていた材木などをすべて搬出・移動し、蔵内に展示場所をこしらえました。そこに、江戸時代からの生活民具を展示したのです。門蔵の再生事業にかかわるメンバーが、訪れた見学者に民具や門蔵などの建物について説明しました。古文書の会も、古文書の一部分をパネル化し、内容を解説しています。

門蔵の再生を指導している丸山純氏のアドバイスを受けて、建築士の方々も加わって、木下紀喜さんのリーダーシップのもと「エコミュージアム」のメンバーが研究を重ね、その成果を創造的な手法で発表したのです（蔵と門の構造が分かる模型づくり、民具を主役にした創作紙芝居など）。当日、「育む会」のメンバーも加わり、手際よくイベントを支えました。こうして生活民具も蔵も息を吹き返し、説明者と一緒になって民衆史を語ってくれました。

なんと一〇〇名を超える参加者があり、展示と説明が大好評で、イベントは成功しました。アンケート結果から、展示に対する興味など参加者の気持ちが伝わってきます。みなさん、楽しんで満足したようです。アンケート結果を今後の活動に活かすつもりです。

最後に、お知らせを一つ。「育む会」が成人式を迎えたことを本文でもお伝えしましたが、二〇周年の記念イベントの一つとして、活動参加者と支援者の寄稿による『二〇年誌』が完成します。関係者一人ひとりの率直な思いのみずみずしい表現を味読いただければすごくうれしいです。

二〇一九年

関　啓子

参考文献一覧

書籍

・アレックス・カー（二〇〇二）『犬と鬼――知られざる日本の肖像』講談社
・アンリ・ファーブル／山田吉彦・林達夫訳（一九六四）『昆虫記　第十二分冊』岩波文庫
・イーフー・トゥアン／山本浩訳（二〇〇七）『空間の経験――身体から都市へ』ちくま学芸文庫
・五十嵐敬喜・小川明雄（二〇〇八）『道路をどうするか』岩波新書
・石井実ほか（一九九三）『里山の自然をまもる』築地書館
・宇沢弘文・大熊孝編（二〇一〇）『社会的共通資本としての川』東京大学出版会
・宇沢弘文・関良基編（二〇一五）『社会的共通資本としての森』東京大学出版会
・金子郁容（二〇〇二）『新版　コミュニティ・ソリューション――ボランタリーな問題解決に向けて』岩波書店
・桑子敏雄（二〇〇五）『風景のなかの環境哲学』東京大学出版会
・坂口洋一（二〇一五）『環境法案内』上智大学出版会
・ジュディ・テイラー／吉田新一訳（二〇〇一）『ビアトリクス・ポター　描き、語り、田園をいつくしんだ人』福音館書店
・庄司興吉編（一九九九）『世界社会と社会運動』梓出版社

・杉山光信（二〇〇〇）『アラン・トゥーレーヌ』東信堂
・関啓子（二〇一八）『トラ学のすすめ――アムールトラが教える地球環境の危機』三冬社
・関武夫（一九九〇）『写真で見る自然と歴史をたどる散歩道――新松戸・北小金周辺』（私家版）
・セルジュ・ラトゥーシュ／中野佳裕訳（二〇一〇）『経済成長なき社会発展は可能か？』作品社
・セルジュ・ラトゥーシュ／中野佳裕訳（二〇一三）『〈脱成長〉は世界を変えられるか？』作品社
・高橋秀美（二〇〇九）『からくり民主主義』新潮文庫
・武内和彦ほか（二〇〇一）『里山の環境学』東京大学出版会
・辻丸純一（二〇一六）『ピーターラビットのすべて――ビアトリクス・ポターと英国を旅する』小学館
・筒井迪夫（一九八五）『子どもと読む木と森の文化史』朝日新聞社
・筒井迪夫（一九九五）『森林文化への道』朝日新聞社
・デズモンド・モリス／伊達淳訳（二〇一二）『フクロウ　その歴史・文化・生態』白水社
・中静透（二〇〇九）「生物多様性とはなんだろう？」日高敏隆編『生物多様性はなぜ大切か？』昭和堂
・中村良夫（一九八二）『風景学入門』中公新書
・中村良夫・鳥越皓之・早稲田大学公共政策研究所編（二〇一四）『風景とローカル・ガバナンス』早稲田大学出版部
・ハーバマス／細谷貞雄ほか訳（一九九四）『公共性の構造転換（第二版）』未来社
・広井良典（二〇〇三）『生命の政治学――福祉国家・エコロジー・生命倫理』岩波書店
・水内俊雄（二〇〇〇）「開発という装置――土建国家論の起源を探る」栗原・小森・佐藤・吉見編『越境する知４　装置：壊し築く』東京大学出版会

・見田宗介（二〇一八）『現代社会はどこに向かうか』岩波新書
・宮内泰介（二〇一三）『なぜ環境保全はうまくいかないのか』新泉社
・宮沢賢治（一九七九）「虔十公園林」『新修宮沢賢治全集（第11巻）』筑摩書房
・御代川貴久夫・関啓子（二〇〇九）『環境教育を学ぶ人のために』世界思想社
・メアリ・メラー／壽福眞美・後藤浩子訳（一九九三）『境界線を破る！』新評論
・藻谷浩介・NHK広島取材班（二〇一三）『里山資本主義――日本経済は「安心の原理」で動く』角川新書
・柳哲雄（二〇〇六）『里海論』恒星社厚生閣
・吉見俊哉編（二〇〇一）『カルチュラル・スタディーズ』講談社
・四元忠博（二〇〇七）『ナショナル・トラストへの招待』緑風出版
・ロバート・D・パットナム／柴内康文訳（二〇〇六）『孤独なボウリング――米国コミュニティの崩壊と再生』柏書房
・渡辺尚志（二〇一七）『殿様が三人いた村』崙書房出版
・渡辺守雄ほか編（二〇〇〇）『動物園というメディア』青弓社
・Gustavo Esteva (1992) 'Development', *The Development Dictionary A Guide to Knowledge as Power*, ed. by Wolfgang Sachs

雑誌など

・牛山久仁彦（二〇〇六）「社会運動と公共政策」〈社会学評論〉No.57（2）
・「千葉県生物多様性センター研究報告」第2号、二〇一〇年

・『日本の森林を考える』シリーズ⑦〈森林の資源〉第4号、二〇〇六年
・〈月刊海洋〉35・7、二〇〇三年
・〈世界〉二〇〇九年八月号、「座談会道路建設はなぜ止まらないか：五十嵐敬喜・神野直彦・三村翰弘・橋本良仁・篠原義仁」
・〈世界〉二〇〇九年八月号、小川明雄「『一般財源化』の嘘」
・〈世界〉二〇一三年六月号
・〈季刊　まちづくり〉No.42号、二〇一四年、中村良夫「まち二八考」
・『二〇〇九年度地球環境基金助成調査研究「新しいナショナル・トラスト活動の手法に関する調査研究」報告書』二〇一〇年
・「富山ファミリーパーク三〇周年記念誌」二〇一四年

ちょっとセンチメンタルに、移植前のケンポナシを紹介しておきます

著者紹介

関　啓子（せき・けいこ）
1948年生まれ、一橋大学大学院社会学研究科博士課程修了。
一橋大学名誉教授　博士（社会学）、ノンフィクション作家。
主な著書として、
『多民族社会を生きる――転換期ロシアの人間形成』（新読書社、2002年）
『アムールトラに魅せられて――極東の自然・環境・人間』（東洋書店、2009年）
『環境教育を学ぶ人のために』（御代川貴久夫・関啓子　世界思想社、2009年）
『コーカサスと中央アジアの人間形成』（明石書店、2012年）
『トラ学のすすめ――アムールトラが教える地球環境の危機』（三冬社、2018年）
などがある。

「関さんの森」の奇跡
――市民が育む里山が地球を救う――

2020年1月31日　初版第1刷発行

著者　関　啓子
発行者　武　市　一　幸

発行所　株式会社　新　評　論

〒169-0051
東京都新宿区西早稲田3-16-28
http://www.shinhyoron.co.jp
電話　03(3202)7391
FAX　03(3202)5832
振替・00160-1-113487

落丁・乱丁はお取り替えします。
定価はカバーに表示してあります。

印　刷　フォレスト
製　本　中永製本所
口絵写真　関さんの森を育む会
本文写真　山田純稔
（但し書きのあるものは除く）
装　丁　山田英春

Printed in Japan
ISBN978-4-7948-1142-4

新評論　好評既刊書

熊野の森ネットワークいちいがしの会 編

明日なき森

カメムシ先生が熊野で語る

熊野の森に半生を賭けた生態学者の講演録。われわれ人間が自然とどのように付き合うべきかについての多くの示唆が含まれている。

[A5 並製　296 頁カラー口絵 8 頁　2800 円　ISBN978-4-7948-0782-3]

船尾　修

循環と共存の森から

狩猟採集民ムブティ・ピグミーの知恵

森を守ると人間は森に守られるんですよ。現代コンゴ事情と絡めながら「現代に生きるムブティ」の姿を記録し、そこから「人間と環境」を考察。

[四六上製　280 頁　2300 円　ISBN4-7948-0712-0]

E・エングゴード／高見幸子・光橋　翠　訳

スウェーデンにおける野外保育のすべて

「森のムッレ教室」を取り入れた保育実践

野外教育の理論と実践をこの 1 冊で！子どもたちに自然の中で遊び、学んでほしいと願うすべての大人におくる最良のガイド。

[四六並製　290 頁　2400 円　ISBN978-4-7948-1136-3]

岡部　翠　編訳

幼児のための環境教育

スウェーデンからの贈り物「森のムッレ教室」

「森のムッレ」に出会ったことがありますか？「環境対策先進国」スウェーデンの教育法に学ぶ森での授業、野外保育の神髄と日本での実践例。

[四六並製　284 頁　2000 円　ISBN978-4-7948-0735-9]

K＝H・ロベール／市河俊男訳

新装版　ナチュラル・ステップ

スウェーデンにおける人と企業の環境教育

世界中から多大な注目を集めるスウェーデンの環境保護団体の全貌を、主宰者の著者が市民や企業経営者らに向けて、平易な語り口で説く。

[四六並製　272 頁　2500 円　ISBN978-4-7948-0844-8]

＊表示価格はすべて本体価格（税抜）です。